§

Jacob Forster

2/91

CATALOGUE

RAISONNÉ

D'UNE COLLECTION CHOISIE

De Minéraux, Cristallisations, Madrépores, Coquilles & autres Curiosités de la Nature & de l'Art.

La Vente s'en fera le Mardi 4 Avril 1769 & jours suivans, trois heures précises de relevée, au grand Hôtel de Berri, rue S. Thomas du Louvre.

A PARIS;

Chez **DELALAIN**, Libraire, rue S. Jacques.

M. DCC. LXIX.

AVANT-PROPOS.

Les Minéraux, cette partie intéreſſante de l'Hiſtoire Naturelle, ont été pendant long-tems ſi négligés & ſi mal choiſis, qu'à peine oſoit-on les mettre en évidence dans les lieux deſtinés à réunir ſous un ſeul point de vue les diverſes productions de la Nature.

Les Coquilles, les Madrépores, les Oiſeaux, les Inſectes, les Stalactites, les Criſtaux, les Agathes & les Pierres fines, faiſoient alors la partie brillante des Cabinets ; les ſeuls Minéraux en étoient entierement exclus ou relégués en petit nombre au fond de quelques Tiroirs ; mais des réflexions ſages & d'heureuſes découvertes ont enfin forcé les Amateurs à leur accorder l'eſtime qu'ils méritoient. La Saxe, l'Allemagne, la Suéde, le Dannemarck, l'Angleterre, la Hongrie, nous ont fait part de leurs richeſſes ſouterraines, & en France même les Mines de Sainte Marie, de Franche-Comté, de Baſſe Bretagne & des Pyrenées, nous ont fourni des morceaux de la plus grande beauté.

La vue de quelques Cabinets célèbres, où les Minéraux tenoient un rang diftingué & formoient un fpectacle auffi varié qu'inftructif, a fait connoître que la Nature n'étoit pas moins riche & moins brillante dans cette partie que dans les autres; elle y paroît même d'autant plus admirable, que les fubftances Minérales, quoiqu'en petit nombre, fe trouvent mélangées & combinées de tant de façons différentes, qu'une Collection de cette efpèce acquiert de jour en jour plus de mérite aux yeux du poffeffeur; à mefure que fes connoiffances en Hiftoire Naturelle augmentent & fe perfectionnent, il découvre dans fes Mines des Subftances qui lui étoient échappées au premier coup d'œil, en forte que le même objet fe préfentant à lui fous de nouveaux points de vue, il jouit du double plaifir & de la découverte & de la poffeffion.

Il n'eft point à craindre que la quantité de Mines que l'on voit abonder ici de toutes parts, puiffe jamais avilir ce genre de curiofités; il eft aifé d'en fentir la raifon; c'eft que les Minieres s'épuifent à la longue; une fubftance difparoît pour faire place à une autre, & celle-ci à fon tour eft remplacée par une troifieme. On peut citer pour exemples, *l'Argent vierge en végétation*, de Sainte Marie; la *mine d'Argent cornée*, de Saxe; le *Flos ferri*, de Stirie; l'*Azur étoilé*, de Bulach; la *mine d'Antimoine en plumes rouges*, de Braensdorff; la *mine de Plomb blanche en aiguilles capillaires*, du Hartz; la *mine de Plomb rouge*, de Sibérie, & beaucoup d'autres dont les veines font taries depuis quelque années; à ces Mines ont fuccédé le *Mercure coulant* & le *Cinabre en criftaux tranfparens*, de Mœrschfeld; les *mines de Plomb blanche & noire*, de Bretagne; la *mine de Fer fpéculaire*, de l'Ifle d'Elbe; les belles *Galénes* du Darbyshire; les *Marcaffites en créte de coq*; les *Pyrites colorées*, &c. mais celles ci même ne tarderont pas à difparoître & à céder leur place à de nouvelles efpèces, actuellement en réferve dans les lieux où le Mineur n'a point encore pénétré.

La Collection de Minéraux que nous préfentons au Public, dans ce Catalogue, eft bien propre à entretenir le goût de la Minéralogie, qui, fecondé par la Chymie, fait tous les jours dans cette Capitale les progrès les plus rapides. Cette Collection eft un choix formé dans plufieurs Cabinets d'Allemagne & d'Angleterre, ou dans les Mines mêmes; on fe flatte que les Amateurs y trouveront des morceaux dignes des grandes & belles

Collections qu'ils possedent; les Naturalistes, des variétés neuves, rares & singulieres; & enfin ceux qui veulent s'instruire, de petites suites intéressantes pour l'étude des Mines.

Les autres parties de cette Collection, sans être aussi nombreuses, offrent cependant des morceaux de distinction, entr'autres de très-belles cristallisations; le *Ludus Helmontii Stellatus*; une nouvelle espèce d'Albâtre, dont on a détaillé plusieurs vases d'ornement; quelques Pétrifications peu communes; un Cerveau de Neptune d'une beauté singuliere & une petite Momie parfaitement conservée.

Le tout est terminé par une suite de Coquilles & par divers bijoux ou Curiosités de l'Art qui seront vendus conjointement avec les mines.

On avertit les Amateurs qu'ils pourront examiner les morceaux quelques jours avant la vente, depuis neuf heures du matin jusqu'à une heure après midi; cela est d'autant plus essentiel, qu'on ne peut guère juger des Minéraux à la lumiere, sur-tout dans la partie des *Cobalts* & des autres mines colorées.

Au reste nous ne craignons point de dire ici, qu'on peut s'en rapporter aux descriptions que nous avons faites de ces différens

objets, ayant apporté l'attention la plus fcru-
puleufe pour ne rien annoncer que de vrai.

La Collection eft dépofée au grand Hôtel
de Berri, rue S. Thomas du Louvre, où fe
fera la vente.

E R R A T A.

*P*age 41, *ligne* 1, riftaux, *lifez* Criftaux.
Page 45, *ligne* 19, Trois autres, *lifez* Deux autres.
Page 66, *ligne* 31, & une de mine, *lifez* & une mine.

TABLE.

Fin de la Table.

CATALOGUE

RAISONNÉ

D'une Collection choisie de Minéraux, Cristal-
lisations, Madrépores, Coquilles, & autres
curiosités naturelles.

SPATHS CALCAIRES.

N°. 1. Un grouppe de cristaux de Spath, formés
de deux pyramides à 5 ou 6 pans irréguliers, jointes
base à base. Les plus grands de ces cristaux sont chargés en partie d'une riche veine de mine de plomb
cubique, mêlée de marcassites; laquelle est elle-même
recouverte d'une multitude de petits cristaux à deux
pointes, blancs & transparens, de la nature des précédens. Ce morceau intéressant vient des mines de
Meslock-Bath en Darbyshire.

2. Un autre grouppe de cristaux du même Spath,
de couleur verdâtre, dont les pyramides ont de part

A

& d'autre 5 pouces & plus de longueur; ces criſtaux font remplis en dedans, & couverts en dehors de petits grains pyriteux de diverſes couleurs, qui jouent l'aventurine, & rendent ce morceau auſſi rare que curieux. Il vient d'une mine ſituée près d'Ecton en Staffordshire.

3. Un autre de couleur jaunâtre & tranſparent, dont les plus grandes pyramides ont juſqu'à 7 pouces de longueur, ſur à peu-près autant de diamètre à leur baſe. Elles ſortent du milieu d'autres petites pyramides, poſées en recouvrement les unes ſur les autres.

4. Un autre groupe de criſtaux colorés comme ceux de l'article 2. Dans celui-ci les principales pyramides ſont détachées les unes des autres, ſemblables à des pointes de rochers. Les pyrites colorées dont elles ſont recouvertes y ſont plus groſſes, plus nombreuſes & raſſemblées quelquefois en cylindres couchés dans les interſtices des pyramides; quelques-unes de ces pyramides chatoyent comme la gorge de pigeon.

5. Un joli groupe de criſtaux à deux pointes, blancs & jaunâtres, plus tranſparens que les précédens.

6. Un autre dont les pyramides ſont jaunâtres au ſommet, & verdâtres vers la baſe. Elles doivent cette derniere couleur aux pyrites cuivreuſes & colorées qu'elles renferment; la ſurface du groupe eſt auſſi couverte en partie des mêmes pyrites, & on y remarque çà & là des taches de Spath blanc, qui ſont comme fondues dans la ſubſtance des criſtaux.

7. Un groupe de criſtaux de Spath, en pyramides applaties, blanches & opaques dans le centre, jaunâ-

tres & tranſparentes vers les bords : ce morceau eſt curieux en ce qu'on remarque à ſa baſe deux couches diſtinctes, l'une de Blende noire, l'autre de Spath vitreux cubique chargé de pyrites. . . . 96.

8. Un beau grouppe de criſtaux à deux pointes, verdâtres & tranſparens, preſque entiérement recouvert de pyrites cuivreuſes colorées. . . . . 66.

9. Un autre de Spath jaunâtre & tranſparent, dont les criſtaux n'ont qu'une ſeule pointe, & ſont group-pés d'une maniere fort agréable. . . . 33.

10. Un autre de criſtaux à deux pointes, de cou-leur verdâtre, dont les pyramides entaſſées, & ſerrées les unes contre les autres, ſont tronquées au ſommet, ce qui augmente le nombre des facettes & l'éclat de ce morceau. . . . 48.

11. Un autre de criſtaux blanchâtres & tranſpa-rens, remarquable par ſes pyramides diverſement inclinées les unes ſur les autres. . . 36. 1.

12. Un autre entierement couvert de pyrites cui-vreuſes colorées. . 29. 19.

13. Un morceau du même Spath blanchâtre, remar-quable par l'inſertion d'une autre piéce en forme de coin ; cette dernière eſt chargée de pyrites d'une part, & de petits criſtaux de Spath vitreux cubiques de l'autre. . . 13. 12.

14. Un morceau de Spath verdâtre, à pyramides tronquées & peu ſaillantes, remplies de pyrites cui-vreuſes. . . 24. 1.

15. Deux petits grouppes de criſtaux de Spath, tranſparens dans l'un, opaques dans l'autre : ce der-

A ij

niet eft orné fur l'une de fes faces d'une couche de
petites pyrites azurées & gorge de pigeon.   · 12. ſ·

16. Un grand & beau grouppe de criftaux de Spath
blancs & tranfparens, femés confufément les uns fur
les autres; ce morceau, de forme orbiculaire applatie
d'environ un pied de diamètre fur 4 pouces de hauteur, eft recouvert en deffous d'une croute de mine de
fer de 4 à 5 lignes d'épaiffeur.   · · · 7°

16.* Un grouppe confidérable de criftaux de *Spath
lenticulaire*, d'un diamètre peu ordinaire, formés de
deux pyramides triangulaires obtufes dont les plans
font pentagones, jointes bafe à bafe fans prifme inter-
médiaire. Ces criftaux ternis par une vapeur métallique font grouppés avec criftaux de quartz blancs &
fauffes améthyftes cubiques.   · · · 16. 11

17. Un gros morceau de Spath blanc & jaunâtre,
où l'on apperçoit les pointes de quelques pyramides,
recouvertes d'une ftalactite fpatheufe, mammelonnée & couleur d'eau; ce morceau contient de la
mine de cuivre jaune avec fer, blende & verd de montagne.   · · 9   6

18. Un morceau du même Spath blanc, ayant pour
matrice une veine de quartz avec mine de fer, blende
& pyrites mammelonnées, de l'Ifle d'Anglefey.   · · ſ 1

19. Un très-joli grouppe de criftaux de Spath blancs
& tranfparens, en prifmes héxagones tronqués, de
deux pouces ou environ de longueur, fa bafe eft chargée d'une ftalactite fpatheufe : de Hongrie.   · · 3ᵒ

20. Un grouppe de criftaux du même Spath, mais
imparfaits, & compofés d'un nombre infini de petites

lames héxagones, minces & empilées fans ordre les unes fur les autres. Ce grouppe intéreffant vient du Hartz, & a pour bafe une matrice de quartz (*a*).

21. Un grouppe de petits criftaux de Spath en pointes, qui ont comme végété les uns fur les autres; ils font colorés par une vapeur ferrugineufe, de Saxe.

22. Un autre de criftaux en prifmes héxagones de couleur grife, terminés par une pyramide triangulaire obtufe; ce morceau eft encore intéreffant par fa bafe qui contient de la mine de cuivre grife, avec mine d'arfenic rougeâtre ou *Kupfernikkel* : des mines de Cornouaille.

23. Un morceau de Spath criftallifé en pointes, de l'efpèce nommée par M. Linnæus, *Dents de cochon.* Ce morceau forme deux couches dans lefquelles les criftaux font difpofés de maniere que les pointes de ceux de la couche fupérieure viennent s'engraîner & fe confondre avec les pointes des criftaux de la couche inférieure : du Hartz.

24. Un joli grouppe de criftaux de Spath, blancs & tranfparens de l'efpèce de ceux de l'article 22, parmi lefquels il s'en trouve dont les prifmes font trian-

---

(*a*) Ce morceau peut donner une idée de la maniere dont fe forment les criftaux dans les mines & autres cavités fouterraines. Il prouve qu'ils font tous compofés de parties homogènes & fimilaires infiniment petites, tenues d'abord fufpendues dans un fluide quelconque; ces parties élémentaires, venant à fe rapprocher par l'évaporation du fluide, donnent naiffance à des grouppes de criftaux plus ou moins réguliers, fuivant les circonftances qui ont favorifé ou dérangé l'opération de la Nature.

gulaires. Ces criſtaux ont pour baſe un Spath vitreux cubique avec une veine de mine de plomb noire : de Saxe.

25. Un morceau de Spath à petits criſtaux irrégu-liers, formant une maſſe diſpoſée par couches alter-natives & parallèles, rouges & blanchâtres, ce qui lui donne aſſez l'apparence d'un morceau de lard. . . . 18

26. Deux grouppes de . criſtaux de Spath blanc, dans l'un qui eſt de Saxe, les criſtaux ſont en pyrami-des triangulaires; dans l'autre ils ſont de l'eſpèce nommée *dents de cochon*, avec galene : du Hartz. . 24

27. Un grouppe de criſtaux de l'eſpèce des derniers de l'article précédent, mais couleur d'eau : d'Angle-terre. . . . 12

28. Un autre à criſtaux blancs & tranſparens, avec galene. . . . 6.1.

29. Un joli grouppe de criſtaux blancs, à pyrami-des héxagones; quelques-uns de ces criſtaux ſont à deux pointes. . . . 7. 2.

30. Deux morceaux de Spath; l'un eſt en partie criſ-talliſé en petites lames blanches, opaques, entaſſées les unes ſur les autres avec mine de fer ; l'autre eſt un Spath rhomboïdal, avec ſtalactite ſpatheuſe rougeâtre en grains, mine de cuivre jaune, & ochre ferrugineuſe. Ce dernier a pour matrice une eſpèce de tripoli jau-nâtre, que les Anglois nomment *Cauk*. . . . 6. 3.

31. Deux autres, dont un criſtalliſé en pointes, chargées d'une vapeur calaminaire, avec galene & mine de cuivre jaune ; & un de l'eſpèce du dernier de l'article précédent. . . . 4.1.

32. Deux autres, l'un de Spath blanc en pointes, & de Spath jaunâtre lamelleux, avec petits grains de mine de cuivre, épars çà & là ; une pierre grise ferrugineuse sert de matrice à ce morceau ; l'autre est de l'espèce du premier de l'article précédent.

33. Deux gros morceaux de Spath, l'un rhomboïdal entremêlé de mine de cuivre jaune, avec du verd de montagne qui lui sert de base ; l'autre est de l'espèce du dernier de l'article 30.

34. Deux morceaux de Spath, l'un en prismes héxagones, courts, terminés par une pyramide triangulaire obtuse, avec pyrite arsenicale, & quelques veines de blende ; l'autre est un morceau de *Ludus Helmontii*, recouvert d'une croute spatheuse jaunâtre. Ce dernier est peu commun.

35. Deux différens morceaux de Spath lamelleux ; l'un rhomboïdal, l'autre à petites écailles jettées confusément.

36. Deux autres de l'espèce des précédens, mais variés pour la forme.

37. Trois morceaux de Spath ; l'un blanc & lamelleux, l'autre en petites écailles rassemblées en mammelons sur un Spath rougeâtre fort singulier qui a quelque ressemblance avec la mine de plomb rouge, & qui se trouve dans les mines d'où l'on tire le plomb. Le troisieme a une cavité tapissée de petits cristaux en pointes, comme les géodes cristallisées.

38. Trois différens morceaux de Spath, l'un marbré de rouge & de blanc ; les deux autres sont de l'espèce de l'article 35, dont un avec galene.

A iv

39. Deux autres, dont un comme le premier de l'article précédent, & un qui ne differe de celui de l'article 25, qu'en ce qu'il eft chargé de quelques ftalactites fpatheufes. . . . . 22.

40. *Idem.* Avec cette différence, que l'on remarque fur l'un quelques Entroques. . . . 22.1

41. Deux morceaux de Spath, l'un tricotté, l'autre en pyramides verdâtres tranfparentes, avec quelques pyrites jaunes. . . . 10

42. Deux petits grouppes de criftaux de Spath, l'un en globules hériffés de pointes, nommés *pommes criftallines*; l'autre de l'efpèce du dernier de l'article précédent, mais prefque entierement couvert de pyrites de diverfes couleurs. . . 10.1

43. Trois morceaux de Spath; l'un criftallifé en *plumes*, ou en aiguilles blanches, minces & tranfparentes fur une mine de fer qui leur fert de bafe, & qui en eft remplie; l'autre en pyramides verdâtres au fommet, rougeâtres vers la bafe, avec mine de cuivre jaune. Le troifiéme eft une ftalactite fpatheufe mammelonnée & couleur d'eau. . . . 10

44. Trois morceaux de Spath, l'un de Saxe, en petits criftaux blancs & tranfparens; leur forme eft prifmatique héxagone, terminée par une pointe triangulaire obtufe; les criftaux du fecond font en petites pointes opaques raffemblées en faifceau, avec ftalactite calçaire, fur une mine de fer tenant cuivre : de Thuringe. Le troifiéme eft une ftalactite finguliere en forme de végétation : d'Angleterre. . . . 15.

45. Trois autres, l'un de l'efpèce nommée *dents de*

cochon ; le second eſt un Spath rhomboïdal & tranſparent d'Angleterre, connu ſous le nom de *Spath d'Iſlande.* Le troiſieme eſt de l'eſpèce du premier de l'article 43.

Spaths Fuſibles ou vitreux.

Nᵒ. 46. Un grand & magnifique grouppe de Fauſſes améthyſtes cubiques, violet foncé, dont les plus grands cubes ont près de 2 pouces ½ de largeur. Leurs faces ſupérieures ſont couvertes d'une multitude d'autres petits cubes, blancs & violet clair ; ce morceau qui eſt enrichi d'un bloc conſidérable de mine de plomb teſſulaire, forme une maſſe orbiculaire d'un pied de diamètre ſur environ 6 pouces de hauteur : des Frontiéres d'Ecoſſe.

47. Un grouppe de Fauſſes améthyſtes foncées, moins grand que le précédent, mais dont les cubes ont à peu-près le même volume ; la plûpart de ces cubes ont le milieu de leurs ſurfaces chargé de lames blanches & opaques, ſemblables à de petits flocons de neige. Ce morceau de figure globuleuſe, a une cavité profonde à ſa baſe, & paroît s'être formé à la maniere des ſtalactites. Il vient du Comté Northumberland.

48. Un très-joli grouppe de Fauſſes améthyſtes cubiques, de différentes nuances de violet ; quelques-unes ſont recouvertes d'une incruſtation calcaire blanche : un riche morceau de mine de fer, ſert de baſe à ce grouppe.

49. Fauſſes topaſes cubiques de Saxe, formant un grouppe de ſix pouces de longueur, ſur quatre de largeur. 40

50. Un grouppe de criſtaux cubiques blancs & tranſparens entremêlés d'une blende noire criſtalliſée, ferrugineuſe : de Darbyshire. . . . 32

51. Un autre grouppe intéreſſant ; l'une de ſes faces offre des criſtaux cubiques blancs, avec blende criſtalliſée, mais en plus grande quantité qu'au précédent ; les criſtaux de l'autre partie ſont verdâtres, & ſemés tant au-dedans qu'au dehors de petits points pyriteux de couleur jaune. . . 19 6

52. Un grouppe de grands criſtaux cubiques couleur d'eau foncée, totalement parſemés de pyrites, qui en diminuent un peu la tranſparence. . . 48 1

53. Un autre de petits criſtaux gris, avec mine de plomb teſſulaire en petits cubes d'une part, & blende criſtalliſée de l'autre. . . . 24

54. Un autre dont les criſtaux ſont plus grands, ſemés intérieurement de très-petits points pyriteux, avec blende arſenicale éparſe à l'extérieur. . . 33

55. Un très-beau grouppe de criſtaux cubiques, chargés de pyrites jaunes brillantes, de blende noire, & d'autre petits criſtaux de Spath calcaire blanc. . . 40

56. Un autre dont les criſtaux ſont accompagnés de pyrites criſtaliiſées & non criſtalliſées, de blende, mine de plomb teſſulaire, galene, & criſtaux de Spath calcaire blancs. . . 18 7

57. Un morceau peu commun de Spath vitreux, criſtalliſé en lames blanches & tranſparentes, dont les côtés ſont à facettes, poſées de champ ou obliquement.

chargées en partie d'un Spath calcaire blanc mamme-lonné & en partie de pyrites criftallifées : du Hartz.

58. Un groupe de Spath vitreux cubique, chargé de pyrites ; il ne diffère de celui de l'article 51, que par la grandeur des cubes.

59. Un joli groupe de Fauffes améthyftes cubiques avec galene, fur une matrice de mine de fer.

60. Un morceau de Spath vitreux cubique, rare par un double accident ; l'un eft de renfermer une veine de galene dans fon intérieur ; l'autre eft de préfenter un cube chargé de points pyriteux dans l'intérieur d'un autre cube. Sa criftallifation lamelleufe eft encore digne de remarque.

61. Deux petits groupes de criftaux cubiques ; l'un remarquable par une cavité pyriteufe triangulaire, formée par l'angle d'un criftal cubique, que la pyrite enveloppoit ; l'autre eft chargé de quelques mamme-lons de blende criftallifée avec galene & Spath cal-caire blanc.

62. Un beau & grand morceau de Spath vitreux cubique, prefqu'entiérement couvert de blende bru-ne criftallifée, avec criftaux de Spath calcaire en pointes, de l'efpèce nommée *dents de cochon*.

63. Un groupe de grands criftaux cubiques, de la variété de l'article 52, mais de couleur moins foncée : l'un de ces criftaux joue l'iris.

64. Un autre formé de petits criftaux détachés, tranf-parens & femblables aux cubes du fel marin ; la plus grande partie de ce groupe eft recouverte d'une efpèce de chaux métallique blanche, inattaquable aux acides.

65. Un joli grouppe de fausses aigues-marines, cubiques, dont quelques-unes incrustées de Spath calcaire blanc : de Saxe.

66. Un grouppe de Spath vitreux blanc, opaque, cristallisé en lames, placées de champ, diversement inclinées comme dans le Spath calcaire en *crête de coq* ; ce grouppe est chargé de Spath perlé & de cristaux prismatiques de Spath calcaire de l'espèce décrite à l'article 22.

67. Deux autres ; l'un de l'espèce précédente, mais dont les lames, fort engagées & serrées les unes contre les autres, ont leur partie supérieure taillée en biseau. Ce grouppe est parsemé de pyrites cristallisées & de petits grains de Spath calcaire blanc ; l'autre est composé de cristaux cubiques, couleur d'améthyste & de topase, & est recouvert en dessous d'une croute pyriteuse.

68. Deux autres de la nature des précédens : dans le premier les lames sont moins engagées, plus épaisses & sans pyrites ; dans le second les cubes sont couleur d'améthyste foncée, avec une croute ferrugineuse.

69. Un grouppe de cristaux cubiques, verdâtres, transparens sur l'une des faces du grouppe, & pénétrés de pyrites sur l'autre face, qui en est entièrement parsemée.

70. Un autre dont les cubes sont ternis par une vapeur arsenicale. Ils sont aussi chargés de blende cristallisée, avec un Spath calcaire en pointes, & rhomboïdal.

71. Un autre dont les cubes font colorés par les pyrites qu'ils contiennent, ce morceau eft recommandable par la quantité de blende criftallifée dont il eft revêtu.

72. Un autre à grands cubes couleur d'aigue-marine, & comme faupoudrés de très petites pyrites.

73. Deux autres, l'un comme le précédent avec blende & pyrites en grains; les cubes du fecond font de plus chargés de criftaux de Spath calcaire à deux pointes, blancs & tranfparens.

74. Deux autres, l'un de cubes tranfparens avec galene & pyrites à quatorze facettes; l'autre à cubes opaques, avec blende & pyrites en grains.

75. Deux jolis grouppes, l'un à petits cubes couleur d'améthyfte, très-foncés & prefque noirs, avec du verd de montagne; les cubes de l'autre font tranfparens & couleur d'eau.

76. Deux autres, l'un à cubes opaques chargés de blende, dont une veine traverfe auffi ce morceau; l'autre eft femblable au premier de l'article 73.

77. Trois morceaux de Spath vitreux, dont un fingulier par la petiteffe extrême de fes cubes couleur d'améthyfte, qui tapiffent les cavités d'une matrice traverfée par une veine de zinc, & chargée d'autres cubes plus grands de couleur rougeâtre; le fecond eft auffi en petits cubes grifâtres, grouppés en mammelons avec petits criftaux de Spath calcaire. Le troifiéme eft un Spath compacte blanc, avec une cavité tapiffée de bleu de montagne, recouvert d'une ftalactite fpatheufe

bleuâtre. Ce dernier morceau vient de Thuringe, &
les deux autres d'Anglererre.

78. Trois autres l'un de Spath compacte ou vitreux
blanc, de Saalfeld en Thuringe ; l'autre de Spath cristallisé en lames comme celui de l'article 66. Le troisiéme est en cristaux cubiques, opaques & transparens.

Quartz & Cristaux de roche.

N°. 79. Un grouppe rare & des plus distingués,
formé d'un assemblage de cristaux de quartz blancs
& de fausses améthystes cubiques de différentes nuances de violet, & de diverses grandeurs, éparses çà & là
entre les cristaux de quartz, de maniere à former un
contraste frappant, par le mêlange des couleurs. Dans
l'une des faces du grouppe, les cubes sont recouverts
de l'espèce de croute blanchâtre, dont nous avons
parlé à l'article 47 ; ils sont aussi entremêlés d'autres
cubes de mine de plomb tessulaire, qui augmentent
encore le mérite de ce morceau. Il porte 15 pouces de
longueur, sur douze de largeur & sept de hauteur.

80. Un grouppe moins grand que le précédent,
mais qui ne lui cède en rien pour la beauté. Les cubes d'améthyste y sont d'un violet clair tirant sur le
rougeâtre, dispersés entre les cristaux de quartz, qui
sont blancs & jaunâtres. On y remarque de la blende
& de la galene.

81. Un très-beau grouppe de Quartz criftallifé blanc, raffemblé en une maffe pyramidale, avec fauffes améthyftes. Ce morceau eft rare en ce qu'il eft revêtu en partie d'un mêlange de blende & de mine de fer criftallifée, noire & brillante : de Northumberland.

82. Un très-joli grouppe de criftaux de quartz blancs, parfemé des fauffes améthyftes comme celui de l'article 80.

83. Un autre de même efpèce, mais fingulier par fa forme allongée & prefque cylindrique.

84. Un autre à criftaux de quartz plus petits, avec de fauffes améthyftes, recouvertes de blende & de mine de fer comme à l'article 81. Ce morceau a pour matrice une large veine de blende ferrugineufe.

85. Un morceau très-curieux ; c'eft un Spath fufible criftallifé en lames pofées de champ, lefquelles font entierement recouvertes de petits criftaux de quartz jaunes & tranfparens, qui par la multitude de leurs facettes, jettent une éclat extraordinaire.

86. Un gros & beau morceau de fauffes améthyftes foncées, à grands cubes incruftés & enveloppés d'un quartz criftallifé, blanc & tranfparent, qui dans certains endroits laiffe les cubes à nud, fur une matrice de quartz & de Spath vitreux.

87. Un grouppe de criftaux de quartz blanc, chargés d'un Spath calcaire blanc criftallifé en lames, furmontées de quelques marcaffites. Ce morceau a pour matrice un Spath vitreux violet.

88. Un grouppe intéreffant de grands criftaux de quartz & de fauffes améthyftes ; le tout chargé &

mélangé de criftaux de *Spath lenticulaire*, de l'efpèce
décrite ci deffus article 16*.

89. Un autre de criftaux de quartz à deux pointes,
brillans & tranfparens, avec fauffes améthyftes, fur une
matrice de mine de fer. . . . . 40.

90. Un grouppe de criftaux de quartz, dont la
moitié eft couverte d'une couche de pyrites jaunes criftallifées ; ce morceau fort éclatant vient de Briftol. 30.

91. Un autre où les criftaux de quartz ne font
accompagnés d'aucune autre fubftance particuliere. 17.

92. Un autre dont les criftaux font difpofés par
cordons applatis, élevés, entrelacés les uns dans les
autres, laiffant de larges interftices, ou cavités tapiffées
de pyrites : de Bohême. . . . . 14.

93. Un autre à petits criftaux couleur d'eau, raffemblés de maniere à former comme plufieurs petites
monticules ifolées fur un même plan : de Saxe. . 16

94. Un petit grouppe de criftaux de quartz & de
fauffes améthyftes, couvert d'un mélange de blende &
de mine de fer, comme celui de l'article 84, auquel il
reffemble auffi par fa bafe. . . 24.

95. Un grouppe peu commun de criftaux de quartz
noir, tapiffant l'intérieur d'un fragment de géode
d'agathe à filets. . . 31.

96. Un grand grouppe de criftaux de quartz blancs :
de Saxe. . . 18.

97. Deux grouppes de criftaux de quartz, l'un de
couleur blanche fur une mine de fer ; l'autre couleur
d'améthyfte : ce dernier tapiffe l'intérieur d'une géode
d'agathe ,

d'agathe, dont le centre eſt rempli par un Spath calcaire criſtalliſé.

98. Deux autres; l'un comme le premier de l'article précédent, mais avec pyrites; l'autre eſt une géode
criſtalliſée couleur d'améthyſte.

99. Deux autres, dont une géode couleur d'améthyſte; & un à criſtaux blancs, avec quartz grenu tranſparent, diſpoſé en lames verticales.

100. Deux grouppes, l'un de quelques gros canons
de criſtal de roche peu tranſparens; l'autre eſt un fragment de géode à criſtaux de quartz couleur d'améthyſte, ſur leſquels s'eſt formée une autre criſtalliſation de Spath calcaire, que l'on a détachée, & ſur
laquelle on remarque l'empreinte des criſtaux de quartz
qui lui ont ſervi de baſe.

101. Deux petits morceaux intéreſſans; le premier
eſt un grouppe de criſtaux de roche ſur une matrice de
Spath quartzeux; l'autre eſt un amas de petits criſtaux à
deux pointes, connus ſous le nom de *diamans de Briſtol*,
raſſemblés en forme de poudingue dans une terre
argilleuſe blanche qui en eſt entierement pénétrée.

102. Deux grouppes, l'un de criſtaux de roche,
l'autre de criſtaux de quartz; ces derniers ſont chargés
d'une multitude d'autres petits criſtaux de même
nature.

103. Deux autres, le premier fort curieux & peu
commun eſt un eſpèce de poudingue ou amas de fragmens de criſtaux de roche enclavés & diſperſés en
tout ſens dans une pyrite ſulfureuſe mammelonnée, qui

B

les enveloppe; le fecond eft un quartz criftallifé couleur d'eau, dont la bafe eft femée de points pyriteux.

104. Deux grouppes, l'un de criftaux de roche avec mica blanc; l'autre de quartz criftallifé parfemé de pyrites.

105. Deux petits grouppes de criftaux de roche, blancs dans l'un avec pyrites, colorés par le fer dans l'autre fur une matrice ferrugineufe.

Pyrites & Marcaffites.

N°. 106. Un rare & fuperbe morceau de Pyrites cuivreufes criftallifées, où brillent les couleurs les plus éclatantes & les plus variées : elles tapiffent la fuperficie d'un grouppe de criftaux cubiques couleur d'aigues-marines, dont la bafe eft chargée de galene. Ce morceau de forme quarrée, porte onze pouces de longueur fur 10 de largeur, & a déjà fait l'admiration des amateurs qui l'ont vu l'année derniere chez le poffeffeur de cette collection. Il vient des mines de Freyberg en Saxe.

107. Un autre encore plus grand, des mêmes Pyrites criftallifées, différentes des précédentes en ce que la couleur azurée y domine davantage. Ces pyrites font grouppées en mammelons, & mêlées avec mine de cuivre fur une matrice fpatheufe, remplie auffi de mine de cuivre jaune & de verd de montagne; des mines de Staffordshire en Angleterre.

108. Un très-beau grouppe de Pyrites criftallifées d'Angleterre, d'un pourpre éclatant, fur une matrice fpatheufe tenant cuivre.

109. Un autre non moins beau de Pyrites criftalli-fées de Saxe, de la variété décrite art. 106. Il y a de plus fur ce morceau un petit grouppe de marcaffites ftriées.

110. Pyrites criftallifées d'Angleterre, grouppées en mammelons fur mine de cuivre, avec criftaux de Spath calcaire pyramidal, dont elles tapiffent auffi l'intérieur.

111. Douze morceaux des mêmes Pyrites d'Angle-terre, de toutes les variétés, de forme & de couleur, & du plus beau choix, qui feront détaillés lors de la vente. Nous ne nous étendrons pas davantage fur leur mérite, un coup d'œil en dira plus que toutes les def-criptions que nous en pourrions faire.

112. Un très beau morceau de Pyrites fulfureufes criftallifées, du Hartz; elles font fur une matrice fpa-theufe, & de l'éclat le plus vif.

113. Une Marcaffite globuleufe peu commune & finguliere par fa groffeur; elle forme une maffe lamel-leufe & ftriée, de 4 pouces de diamètre : des mines de Cornouaille.

114. Un joli grouppe de Marcaffites cubiques, d'un éclat extraordinaire.

115. Un grouppe très-rare de Marcaffites octaèdres en végétation. Leurs criftaux entés les uns fur les autres forment des branches ou colonnes articulées, terminées par une pyramide quadrangulaire, de même

B ij

que l'argent vierge en végétation de Ste Marie. Ce morceau qui contient aussi des petits cristaux de roche & de Spath calcaire, mérite l'attention des connoisseurs. Il vient de Cornouaille.

116. Un autre non moins rare de Marcassites sulfureuses en *crête de coq*, ou en lames dentelées, posées de champ, ou diversement inclinées sur une matrice de spath vitreux cubique d'Angleterre. · · · · · 48.

117. Un autre très-beau grouppe des mêmes Marcassites en *crête de coq*, entassées & mêlées avec mine de plomb sur une matrice de Spath vitreux irrégulier.59·19

118. Un autre morceau des mêmes Marcassites, remarquable en ce qu'elles tapissent l'intérieur des cristaux de Spath vitreux cubique, qui leur servent de matrice ; elles se trouvent aussi interposées entre ces cubes, & d'autres d'une formation plus récente, comme il est aisé de le voir par quelques endroits où les cubes ont été enlevés, & où ces marcassites forment une lame unie semblable au laiton ou cuivre jaune, ce qui a fait improprement donner à ces marcassites le nom de *Brasil*, qui en Anglois signifie *cuivre jaune*. · · · · · · 71·19

119. Un autre où ces Marcassites sont en larges feuillets dentelés sur une matrice de Spath vitreux cubique mêlée de galene. · · · · 40·1

120. Un autre à feuillets encore plus grands rassemblés en masse globuleuse sur une matrice de Spath calcaire cristallisé & non cristallisé. · · · · 36·2

121. Un joli grouppe de Marcassites dodécaèdres,

ayant pour matrice une mine de fer fpathique jaunâtre : du Marquifat de Bareith.

122. Un autre de petites Marcaffites cubiques brillantes, mêlées avec mine de cuivre d'un jaune foncé
& criftaux de Spath calcaire, fur une matrice fpatheufe.

123. Un autre des mêmes Marcaffites, mais d'un
éclat encore plus vif entremêlées de quartz & de
petits criftaux de roche : de Cornouaille.

124. Deux petits grouppes de Marcaffites cubiques,
l'un de la variété de l'article 122, fur une matrice de
Spath calcaire irrégulier; dans l'autre elles font épar-
pillées fur les pyramides d'un Spath calcaire criftallifé & tranfparent, fur une matrice de mine de cuivre
jaune.

125. Deux grouppes, l'un de Marcaffites cubiques,
l'autre de pyrites & Marcaffites en petites pointes irré-
gulieres, fur mine de cuivre.

126. Deux autres, dont un de Marcaffites en *crête de
coq* à lames fort engagées dans la matrice, de l'Ifle
d'Anglefey ; & un de marcaffites cubiques, de Bretagne.

127. Un grouppe de Marçaffites cubiques colorées,
femées de petits criftaux de Spath calcaire en pointes,
fur une matrice de Spath.

128. Un autre de Marcaffites fulfureufes en lames
ftriées, & couchées fur une matrice des plus fingu-
lieres. C'eft un amas d'une quantité prodigieufe de
petits cubes de Spath vitreux, dont les plus gros n'ex-

B iij

cèdent pas la grosseur d'une tête d'épingle. Ils forment çà & là des cavités ou enfoncemens, dont quelques-uns contiennent de la galene incrustée de Pyrites, & des cristaux de Spath calcaire.

129. Un autre de Marcassites en *crête de coq* presqu'entiérement recouvertes de petits cubes de Spath vitreux, transparent & couleur d'eau. Ce grouppe est de la variété décrite article 118.

130. Un autre de petites Marcassites cubiques entre-mêlées de cubes de fausses améthystes, violet très-foncé, sur une matrice de Spath vitreux irrégulier.

131. Une Marcassite sulfureuse, enveloppée & recouverte de Spath vitreux irrégulier, avec fausses améthystes & fausses topases cubiques.

132. Deux autres, l'une avec Marcassite cuivreuse, enveloppée de Spath vitreux cubique blanc & couleur d'eau ; la seconde est dans une matrice de Spath vitreux irrégulier, avec fausses améthystes cubiques très-foncées.

133. Deux morceaux, l'un composé de Pyrites cuivreuses jaunes, semées sur des cristaux de Spath calcaire blanc, avec mine de cuivre jaune solide ; l'autre est de la variété du dernier de l'article précédent.

134. Deux grouppes l'un de Marcassites en *crête de coq* tronquées, avec cristaux de Spath vitreux cubiques & de Spath calcaire en pointes ; l'autre de Marcassites cubiques aussi avec cristaux de Spath vitreux & une veine de blende cristallisée.

135. Deux jolis morceaux, l'un de Marcassites en *crête de coq*, tronquées en lames triangulaires, sur un

cube de Spath vitreux ; l'autre de Marcaſſites ſulfu-
reuſes.

136. Deux autres, l'un de la variété du premier
de l'article précédent ; le ſecond offre des Pyrites cuivreuſes jaunes mammelonnées, avec Spath calcaire
rhomboïdal, ſur une matrice de pierre calcaire en-
duite d'un bitume ſuperficiel.

137. Pyrite ferrugineuſe de forme allongée, con-
vexe en deſſus, plate en deſſous, comme ſi elle avoit
été en fuſion. Ce morceau peu commun a 15 pouces
de longueur, ſur deux ou environ de largeur.

Arſenic.

Nº. 138. Un très-beau morceau de mine d'Arſenic
blanche, ou Marcaſſites blanches arſenicales, en criſtaux octaëdres, grouppés avec quelques criſtaux de
roche : de Cornouaille.

139. Un joli grouppe des mêmes Marcaſſites,
mêlées avec blende noire & petits criſtaux de roche,
de Bohême ; plus une mine d'Arſenic noire en boule,
de Saxe.

140. Un gros morceau de Pyrite blanche arſenicale
& ſulfureuſe, mêlée avec mine de cuivre jaune &
noire, ſur une matrice ſpatheuſe, chargée de Spath
vitreux criſtalliſé en lames, de criſtaux de Spath calcaire blancs, & d'un Spath ferrugineux jaunâtre & lamelleux : de Thuringe.

B iv

141. Trois morceaux, sçavoir : mine d'Arsenic grise, dans une matrice quartzeuse ; mine d'Arsenic blanche, avec blende noire & Spath vitreux irrégulier ; & mine d'Arsenic noire en boule. _ . . . 13.

142. Quatre autres : sçavoir, Arsenic blanc natif de Saxe ; mine d'Arsenic blanche & noire ; mine d'Arsenic blanche spéculaire dans du Spath : & une pyrite Arsenicale globuleuse. . _ . 16.

143. Une mine d'Arsenic striée comme l'antimoine, laquelle a été mise au feu pour en faire l'essai ; plus trois morceaux, dont un d'arsenic blanc, un d'arsenic jaune & un d'arsenic rouge, provenants des fonderies de Saxe. _ . . . 18.

Cobalt.

N°. 144. **U**N grand & rare morceau de mine de Cobalt noire, avec ses fleurs blanches, vertes & bleuâtres sur une matrice de Spath vitreux ; ce Cobalt, & la plûpart de ceux qui suivront, viennent de différentes mines de Thuringe. _ . . . 26.

145. Un autre, non moins rare, de mine de Cobalt noire, *spéculaire ;* elle est feuilletée & luisante comme un miroir, (*a*) tant dans la partie supérieure du morceau que dans l'inférieure, qui tient aussi des fleurs blanches. _ . . . 60.

(*a*) Waller. Miner. Esp. 232. p. 420. de la traduction de M. le Baron d'Olbach.

146. Mine de Cobalt vitreuse *semblable à des scories;*
ce morceau, encore plus rare que les précédens, réu-
·nit les deux variétés de cette espèce dont parle Wallerius, (a) l'une dure & vitreuse, a l'éclat du verre dans
ses cassures; l'autre spongieuse, ressemble à l'enduit
qui s'attache aux parois des fourneaux & noircit les
doigts comme de la suie; on y remarque aussi des
fleurs blanches.

147. Mine de Cobalt noire mammelonnée avec
mine de cobalt solide, sur une gangue de Spath compacte ou vitreux blanc.

148. Mine de Cobalt noire feuilletée avec ses fleurs
blanches, sur une matrice de quartz gras, aussi veinée
des mêmes fleurs.

149. Un gros morceau de mine de Cobalt noire,
avec mine de Cobalt solide, tenant cuivre, fleurs rouges & vertes, sur une matrice de Spath compacte blanc,
mêlée d'azur de cuivre en petits grains, & d'ochre
ferrugineuse.

150. Mine de Cobalt noire feuilletée, avec mine
de cobalt solide, disposée par veines dans les interstices
des feuilles, & un enduit superficiel couleur de
fleurs de pêcher.

151. Un morceau en trois parties de mine de
Cobalt solide tenant cuivre, accompagnée de fleurs
rouges, les unes superficielles, les autres disposées
par veines dans l'épaisseur de la gangue, qui est une
pierre-grise veinée aussi de Spath calcaire.

(a) *Ibid.* Esp. 233. Var. 1 & 2.

152. Mine de Cobalt folide, avec fleurs de cobalt rouges ftriées, dans une matrice de Spath compacte blanc entremêlé de pierre argilleufe grife. . . . . 16.

153. Mine de Cobalt grife folide, avec une jolie criftallifation quartzeufe couleur d'eau, & fpatheufe blanche : de Schnéeberg. . . . . 13.

154. Fleurs blanches fuperficielles de Cobalt en dendrites, fur une pierre argilleufe grife, mêlée de cobalt folide. La difpofition finguliere de ces fleurs fend ce morceau fort rare. . . 72.

155. Un autre morceau peu commun, & qui peut faire le pendant du précédent. C'eft une mine de Cobalt folide en dendrites, de l'efpèce nommée par les mineurs *Cobalt tricotté* ; fa matrice eft auffi une pierre argilleufe grife. . . 24.

156. Un morceau en deux parties entierement rempli de fleurs de Cobalt rouges ftriées, difpofées comme l'asbefte étoilé. Rare. . . 60.

157. Mine de Cobalt folide tenant cuivre avec fleurs rouges, pâles & foncées. . . 7

158. Mine de Cobalt fpéculaire d'une part, avec fleurs violettes de l'autre. . . 6.

159. Mine de Cobalt fablonneufe avec mine de cobalt vitreufe noire, femblable à des fcories & fleurs de différentes couleurs, dans une matrice de Spath compacte blanc ; morceau intéreffant. . . 40.

160. Un autre très-joli de mine de Cobalt grife folide avec fleurs de Cobalt rouges ftriées, & fleurs ordinaires de diverfes couleurs, dans une matrice de Spath.

161. Fleurs de Cobalt rouges ftriées & fuperficielles, d'une variété rare, entre des lames de Spath
vitreux blanc, avec mine de cobalt folide & ochre
ferrugineufe.

162. Une belle mine de Cobalt grife folide, entremêlée de fleurs rouges & vertes difpofées par veines,
& d'azur de cuivre granuleux dans les cavités du morceau.

163. Une autre avec fes fleurs bleues, rouges &
vertes, & Spath vitreux blanc.

164. Une autre avec fleurs rouges, en petits grains
luifans & ftriés.

165. Une belle mine de Cobalt, folide & criftallifée avec fleurs ordinaires de différentes couleurs
& fleurs ftriées rouges.

166. Deux jolis morceaux, l'un de fleurs de Cobalt
ftriées fuperficielles fur du fpath, de la variété rare
décrite, article 161, avec mine de cobalt noirâtre.
L'autre eft compofé de fleurs bleues, rouges & vertes.

167. Trois morceaux de Cobalt intéreffans : le premier de Ste Marie aux Mines eft un Cobalt cryftallifé
en groupe fur Spath calcaire blanc ; les deux autres
font de Thuringe & offrent, l'un des fleurs vertes
ftriées, avec bleu de montagne ; le dernier, des fleurs
rouges étoilées fuperficielles.

168. Deux mines de Cobalt, l'une criftallifée, l'autre avec fleurs bleues, entremêlées de fleurs blanchâtres femées par taches.

169. Deux morceaux, l'un de fleurs rouges de la

variété de l'article 161, l'autre de Cobalt solide, avec fleurs rouges luisantes & Spath en petits cristaux capillaires blancs. . . . . *1f.*

170. Deux morceaux, l'un de mine de Cobalt noire mammelonnée, l'autre de fleurs cristallisées & luisantes de diverses couleurs dans les cavités d'un Spath vitreux blanc. . . . . *1f.*

171. Deux autres dont une mine de Cobalt solide avec fleurs rouges cristallisées, luisantes; & un morceau de bleu de montagne, entremêlé de fleurs de cobalt noires. . . . . *24.*

172. Deux belles mines, l'une de Cobalt noir spéculaire & feuilleté, l'autre de Cobalt solide avec fleurs rouges granuleuses, dans un Spath vitreux blanc. . . *24.*

173. Deux mines de Cobalt, l'une avec fleurs bleues & rouges luisantes ; l'autre avec fleurs rouges granuleuses de diverses nuances. . . . . . *10.*

174. Deux morceaux peu communs, l'un de Cobalt hépatique, ou couleur de foie ; l'autre de mine de Cobalt cristallisée, mêlée avec mine de cuivre jaune, bleu de montagne & fleurs de cobalt verdâtres. *16.*

175. Deux autres; le premier offre des fleurs rouges & noires granuleuses, avec mine de Cobalt solide : le second est une mine de cobalt sablonneuse, avec mine de Cobalt vitreuse en forme de scorie, fleurs rouges striées & fleurs vertes ordinaires. . . . . *2f.*

176. Deux mines de Cobalt, l'une solide avec fleurs violettes striées, dans du Spath ; l'autre sablonneuse, couleur de fleurs de pêcher. . . *14.*

177. Deux autres, dont une de Cobalt noir, & une

le Cobalt solide, avec fleurs granuleuses d'un rouge
pourpre.

178. Deux mines, l'une de Cobalt tricotté avec ses
fleurs rouges, l'autre de Cobalt solide, avec bleu de
cobalt & bleu de montagne, semés de fleurs de Cobalt
rouges en petits points brillans.

179. Deux mines de Cobalt solide, dont une très-
riche avec cobalt cristallisé, & une avec fleurs rouges
granuleuses dans du Spath.

180. Deux mines, l'une de Cobalt solide en deux
morceaux ornés l'un & l'autre d'une jolie cristallisation de Spath capillaire & transparent : la seconde est
un Cobalt sablonneux, avec mine de Cobalt vitreuse
semblable à des scories, & fleurs rouges & vertes.

181. Deux autres dont une de Cobalt spéculaire solide, avec fleurs rouges striées, sur un spath ferrugineux : & une qui, outre le Cobalt ordinaire, est
chargée d'une couche de Cobalt noir, & de fleurs
vertes, striées & satinées.

182. Deux morceaux, l'un de Cobalt étoilé superficiel sur du Spath, avec mine de cobalt grise; l'autre
est de l'espece décrite, art. 144, mais sans matrice.

183. Deux mines de Cobalt intéressantes, l'une solide très riche & très-pesante, sans matrice ; l'autre
vitreuse, verte & noire, en forme de scories avec
Cobalt sablonneux & fleurs rouges striées.

184. Deux autres, dont une cristallisée sur une
gangue de quartz avec galene, de Saxe; & une grise
& hépatique avec des fleurs vertes.

185. Deux mines de Cobalt grises; on remarque

dans l'une des fleurs noires luisantes , mêlées de bleu de montagne , avec fleurs vertes étoilées & satinées : dans l'autre ce sont des fleurs rouges granuleuses , dans un spath lamelleux.

186. Deux morceaux, dont un de fleurs de Cobalt noires , vertes & couleur de fleurs de pêcher ; l'autre est une mine de Cobalt grise avec fleurs granuleuses , violettes , rouges & vertes.

187. Deux mines de Cobalt grises , l'une avec ses fleurs rouges , noires & bleu de montagne ; l'autre a ceci de particulier , qu'elle n'est point luisante comme le sont ordinairement les mines de cobalt grises.

188. Trois autres : sçavoir, 1° mine de Cobalt hépatique , avec fleurs incarnates & mine de cuivre jaune : 2° mine de Cobalt couleur d'acier très compacte , dans du spath : 3° mine de Cobalt grise , entremêlée avec fleurs rouges.

189. Trois autres : sçavoir ; 1° mine de Cobalt hépatique & solide , avec mine de cuivre jaune : 2° mine de Cobalt grise avec des fleurs jaunes , vertes , rouges & bleues. 3° mine de Cobalt grise , avec fleurs vertes ordinaires & fleurs rouges striées.

190. Deux mines de Cobalt , l'une limonneuse & hépatique avec fleurs rouges , peu commune ; l'autre grise solide , avec fleurs bleues, rouges & vertes.

191. Deux autres, dont une de Cobalt vitreux noir semblable à des scories , avec mine de cobalt grise & fleurs rouges ; & une comme la derniere de l'article précédent.

192. Deux mines de Cobalt grises , la premiere est

avec mine de Cobalt hépatique & fleurs rouges granuleufes ; la feconde eft avec fleurs vertes & bleu de
montagne.

193. Deux morceaux ; dont un en deux parties,
compofé de mine de Cobalt noire compacte avec fleurs
verdâtres ; l'autre eft fun Cobalt limoneux mêlé avec
fleurs rouges ftriées. Ce dernier eft rare.

194. Deux mines de Cobalt, l'une fablonneufe avec
fleurs noires & couleur de fleurs de pêcher : l'autre
eft compofée de fleurs rouges & noirâtres, mêlées avec
bleu de montagne & fpath compacte blanc.

195. Trois autres : fçavoir ; 1° mine de Cobalt grife
& noire avec fleurs verdâtres granuleufes ; 2° mine
de Cobalt grife dans du quartz; 3° fleurs de Cobalt rouges compactes, avec fleurs vertes ftriées.

196. Un grand & riche morceau de mine de Cobalt grife tenant cuivre.

197. Sept petits morceaux de Cobalt variés & choifis, des efpeces ci-deffus décrites.

198. Sept autres auffi intéreffans.

199. Huit, *idem.*

Bifmuth.

Nº. 200. **U**n très-riche morceau de mine de Bifmuth, *ftriée & gorge de Pigeon :* de Schnéeberg.

201. Deux mines de Bifmuth, l'une grife ftriée,
en forme de dendrites, dans un Jafpe rouge, du

Cerf-blanc à Schnéeberg, très-rare ; l'autre eſt gorge de pigeon comme celle de l'article précédent.

201. Deux autres, dont une auſſi de Schnéeberg, avec mine de cobalt griſe & quartz, & une, formant un petit filon entre deux liſicres de quartz.   - - - 15

203. Trois petits morceaux : ſçavoir, une très-jolie mine de Biſmuth , criſtalliſée & ſpéculaire de Johann-Georgenſtadt : mine de Biſmuth, à petits points brillans, épars dans du quartz , & une qui n'en differe que par ſa matrice de jaſpe rouge. Ces deux dernieres ſont de Schnéeberg.   . - - 27

Zinc, *Pierre Calaminaire & Blende.*

N°. 204. **U**n rare & joli morceau de mine de Zinc criſtalliſée , mêlée avec mine de cuivre jaune granuleuſe , ſpaths calcaire & vitreux : des mines de Staffordshire.   . - - 15

205. Un gros morceau de mine de Zinc livide & ferrugineuſe, avec ſpath vitreux en petits cubes ſemés de pyrites cuivreuſes , ayant pour matrice l'eſpece de Tripoli blanc & jaunâtre , appellée *Cauk* par les Anglois.   . - - 11

206. Mine de Zinc livide & ferrugineuſe avec galene : de l'iſle d'Angleſey.   . - - 8

207. Mine de Zinc granuleuſe brune, mêlée avec cuivre jaune ; ſa matrice eſt de la nature de celle du morceau de l'article 205 , mais tricottée & ſemée de pyrites.   . - - 6

208.

208. Mine de Zinc, femblable à une galene ob-
fcure, avec mine de cuivre jaune, criftaux de fpath
vitreux & *Cauk*.

209. Deux Mines de même efpece, avec fpath vitreux en petits cubes, blancs dans l'une, violets dans
l'autre.

210. Deux mines de Zinc, dont une criftallifée,
de l'ifle d'Anglefey, & une avec marcaffites, *Cauk*
& fpath vitreux cubique : de Staffordshire.

211. Deux autres, dont une à gros grains de couleur brune foncée, avec cuivre jaune, & une criftallifée, avec pyrites, fpaths, calcaire & vitreux, blancs.

212. Deux autres, l'une folide & compacte, mêlée avec blende & cuivre ; l'autre eft comme la premiere de l'article précédent.

213. Un morceau de Calamine, ou *Pierre calaminaire*, jaunâtre & rougé-brun, mêlée avec galene : de
Staffordshire.

214. Deux morceaux, l'un de Calamine jaunâtre &
comme vermoulue ; l'autre de Calaminé brune.

214*. Deux autres, dont un rare, de Calamine
blanchâtre, en dendrites ou en végétation ; & un de
Calamine jaunâtre, cellulaire.

215. Deux morceaux de Calamine, l'un jaune blanchâtre ; l'autre rougeâtre & blanchâtre, avec galene
& *Cauk*.

216. Un grand & beau morceau de Blende criftallifée & luifante, d'un gris noirâtre, fur un grouppe de
Spath vitreux cubique. Les Allemands nomment cette
efpèce *Pech-Blende* ou *Blende couleur de poix*.

217. Un autre de même efpèce, où la blende eft raffemblée çà & là en forme de boutons, fur un fort beau grouppe de Spath vitreux cubique avec *Cauk* jaunâtre en globules.   63.1.

218. Un grand & curieux morceau de Blende arfe-nicale mêlée avec pyrites, galene, criftaux de Spath calcaire à deux pointes, & Spath vitreux cubique. . . 28.1.

219. Un très-beau morceau de Blende criftallifée d'un gris noir, éparfe avec mammelons de *Cauk* blanc, criftaux de Spath calcaire à deux pointes & Spath vitreux cubique.   52.1.

220. Blende arfenicale mêlée avec pyrites; fa bafe eft formée d'un affemblage confus de criftaux de Spath calcaire à deux pointes; & on remarque quelques ca-vités tapiffées de petits cubes de Spath vitreux, dans la partie fupérieure.   48.

221. *Idem.*   18.

222. Blende criftallifée, éparfe fur un beau mor-ceau de Spath rhomboïdal tranfparent.   18.1.

223. Un très-joli morceau de la variété de l'arti-cle 217.   37.1.

224. Un autre non moins beau de Blende ferrugi-neufe criftallifée, plus luifante que les précédentes; elle recouvre un grouppe de criftaux de quartz & de fauffes améthyftes.   31.

225. Un autre de la variété de l'article 216; remar-quable par une boule de *Cauk* jaunâtre, qui y eft adhérente.   26.

226. Un autre avec Spath vitreux cubique & terre fablonneufe grife.   10.3.

227. Deux petits morceaux de Blende, l'une criftal-

lifée en cubes; l'autre feuilletée & *phofphorique,*
très-rare; cette derniere à la propriété de donner des
étincelles, lorfqu'on la gratte dans un lieu obfcur
avec la pointe d'un couteau.

228. Un joli morceau de Blende criftallifée luifante, avec criftaux de Spath calcaire & vitreux.

229. Un autre de Blende feuilletée brune, avec
Spath compacte ou vitreux blanc, irrégulier.

230. Deux morceaux dont un de Blende rougeâtre
avec Spath vitreux cubique en petits grains tranfparens; & un de Blende brun foncé; les criftaux cubiques y font plus grands, & colorés par une vapeur
arfenicale.

231 Blende criftallifée luifante & granuleufe,
tapiffant la furface & les cavités d'un grouppe de
petits criftaux de Spath vitreux cubique.

232. Deux morceaux de Blende; elle eft granuleufe
avec galene dans l'un, & feuilletée, mêlée de pyrites
dans l'autre; la plus grande partie des cubes de Spath
vitreux font couverts dans celui-ci d'un enduit pyriteux.

233. Trois morceaux de Blende, dont une brun foncé, une rougeâtre, & une phofphorique comme la
derniere de l'article 227.

234. Deux morceaux, l'un de Molybdene fur du
quartz; l'autre de Blende criftallifée, fur du fpath.

235. Un grand & beau morceau de Blende rouge
& grifâtre, mêlée avec galene fuperficielle, cuivre &
quartz : d'Embs, pays de Naffau.

236. Deux morceaux, l'un de Blende rouge compacte, mêlée avec galene cubique dans une matrice

C ij

fpatheufe; l'autre peu commune, auffi de Blende rouge, mêlée avec galene ftriée fur une matrice de quartz:
de Weyer, pays de Runckel.

237. Deux autres, dont un de Blende grife folide,
mêlée avec mine de cuivre jaune & colorée; d'Embs:
& un de la variété de la premiere de l'article précédent, fur un fpath friable blanc. . . . .

Antimoine.

N°. 238. UNE grande & belle mine d'Antimoine
grifecriftallifée en fines aiguilles, qui tapiffent les cavités
d'une matrice de Spath compacte blanc. Ce morceau
eft de Saxe, ainfi que les fuivans. . . . .

239. Un très-rare morceau de mine d'Antimoine
cornée, ou de couleur femblable à la corne avec mine
d'Antimoine grife, en fines aiguilles difpofées en
étoiles fur une matrice de Spath compacte. . . . . .

240. Une très-jolie mine d'Antimoine grife, criftallifée en fines aiguilles luifantes; les unes couchées,
les autres implantées dans leur matrice de Spath. . . .

241. Une autre encore plus belle. . . . .

242. Deux mines d'Antimoine, dont une à ftries
étoilées larges & écailleufes dans du quartz de Bohême;
& une en fines aiguilles fur du Spath: de Saxe. . . .

243. Un morceau rare de mine d'Antimoine en
plumes ou en filets rouges raffemblés par faifceaux,
fur une matrice de quartz criftallifé, qui tient auffi

de la mine d'Antimoine grife : de Braensdorff en
Saxe. 48

244. Deux mines d'Antimoine, l'une à ftries parallèles, d'un gris bleuâtre, de Hongrie ; l'autre en plumes rouges comme celle de l'article précédent. 50-1

Mercure.

Nº. 245. UN grand & riche morceau de Mercure
en cinabre folide, rempli de Mercure coulant, qui
forme un filon de plus de trois doigts de largeur,
entre deux lifieres d'une gangue finguliere, en ce
qu'elle eft comme mouchetée de taches blanches d'une
terre argilleufe : de Mœrschfeld, dans le Palatinat. . . 121-1

246. Un autre grand morceau, qui outre le Mercure vierge coulant, contient auffi du cinabre en
petits criftaux rouges & tranfparens comme des rubis,
entremêlés de pétrole en petits grains, fur une matrice quartzeufe avec pierre cornée : de Mœrschfeld. 51-2

247. Un curieux morceau de Mercure vierge coulant, avec galene & cinabre criftallifé ; l'un de ces
criftaux eft remarquable par fa belle couleur ; il a la
tranfparence & l'éclat du rubis. La matrice eft une
terre argilleufe endurcie : du Palatinat. 61-1

248. Mercure vierge coulant, avec cinabre criftallifé, très-riche en mercure, dans une gangue de
quartz. . . . 12

249. Un très-rare morceau de Mercure en cinabre,

d'un rouge vif, ſtrié & velouté, diſpoſé par couches
concentriques.   - - - - 120. l.

250. Un riche morceau de Mercure en cinabre,
brun foncé ou couleur d'hématite ; il eſt peſant,
compacte & ſtrié, diſpoſé par couches, avec cinabre
ſuperficiel d'un rouge vif, & ſélénite rhomboïdale. - - 13.

251. Un rare & joli grouppe de Criſtaux de Sélénite, en tables poſées de champ, chargés de cinabre
en petits criſtaux qui pénétrent auſſi l'intérieur de
quelques ſélénites. On remarque à la baſe de ce morceau, pluſieurs cavités polygones, qui paroiſſent avoir
été formées par des marcaſſites dodécaëdres, ſur leſ-
quelles il poſoit.   - - - - - 50. l.

252. Un grouppe non moins rare de petits criſtaux
de Spath vitreux, blancs & tranſparens, formés d'un
parallélogramme rectangle dont les bords ſont de part
& d'autre taillés en biſeau. La baſe de ce grouppe eſt
une pierre gypſeuſe blanche, tenant Mercure. Il vient
ainſi que le précédent, d'une mine du Palatinat, près
de Mœrschfeld, qui eſt actuellement inondée. - - 100. l.

253. Mine de Mercure en cinabre, ſolide & ſtriée,
avec cinabre en pouſſiere d'un rouge vif : de Wolcſ-
tein.   - - - - - 7. 10.

254. Mine de Mercure en cinabre ſolide, avec
hématite, dont les cavités ſont remplies de cinabre
pur en pouſſiere.   - - - - 24.

255. Deux mines de Mercure en cinabre, l'une
ſolide avec ſélénite, l'autre avec une gangue ferrugineuſe, & bleu de montagne ſatiné ſuperficiel : de
Stahlberg dans le Palatinat.

256. Deux mines de Mercure en cinabre, l'une
criftallifée avec cinabre en pouffiere ; l'autre peu commune, eft dans une Smectite, ou terre faponaire
blanche : de Wolcftein. 36

257. Trois autres : fçavoir, deux mines de Mercure folide de Mœrfchfeld, dont une très-riche, &
une avec pétrole dans une gangue féléniteufe. La troifiéme eft un cinabre en pouffiere avec félénite , fur
une matrice de grès : de Wolcftein. 12-1

258. Deux mines de Mercure en cinabre , l'une
avec terre argilleufe de Stalhberg, l'autre tapiffant les
cavités d'une hématite : de Wolcftein. 6

259. Deux mines de Mercure en cinabre folide ;
de Mœrfchfeld , dont une avec mine de fer , pyrite
& pétrole en grumeaux. 8-1

MÉTAUX.

Plomb.

Nº. 260. Un riche & fuperbe grouppe de cubes de
mine de Plomb teffulaire, entremélés de fauffes topafes
cubiques & de blende auffi cubique. Ce morceau eft de
plus remarquable en ce qu'il eft par-tout impregné d'un
bitume, ou pétrole liquide qui poiffe les mains : des
mines de Darbyshire. 160-1

261. Un autre de la même beauté, compofé auffi
de mine de Plomb teffulaire , cubique & de fauffes

C iv

topafes ; le tout impregné de bitume. Il eft moins grand que le précédent.

262. Un grand & beau groupe de mine de Plomb teffulaire de deux variétés. Dans l'une ce font des cubes dont les angles font tronqués ; dans l'autre, ce font de grands criftaux octaëdres comme l'alun : efpèce nouvellement découverte & qui n'a encore paru dans aucun cabinet. Ce groupe qui vient auffi des mines du Darbyshire , eft entremêlé de fauffes topafes cubiques & impregné de bitume comme les précédens.

263. Un autre moins grand, où l'on remarque les deux variétés de mine de Plomb teffulaire , décrites dans l'article précédent, mais en criftaux plus petits : le pétrole dont tout ce morceau eft empreint , s'y trouve encore raffemblé en quelques endroits fous la forme de grumeaux noirs & luifans , de la groffeur d'une aveline : ce qui donne un mérite de plus à ce joli groupe.

264. Un autre où le Plomb ne fe trouve qu'en criftaux octaëdres de la grandeur de ceux de l'article 262.

265. Un morceau rare & des plus finguliers, de mine de Plomb teffulaire à grands cubes , incruftés de petits cubes de fpath vitreux , lefquels font eux-mêmes chargés de très petites pyrites luifantes, de galéne fuperficielle , de blende en criftaux octaëdres ; le tout fur une matrice de fauffes topafes & de fpath vitreux feuilleté , lamelleux comme la galene.

266. Un beau groupe de mine de Plomb teffulaire en cubes , dont les angles font tronqués. Ils recou-

vrent la moitié d'un autre grouppe de petits criftaux de quartz blancs, qui fervent eux-mêmes d'enveloppe à un noyau de fpath calcaire, blanc & friable: du Comté de Runckel.

267. Un grand & curieux morceau de mine de Plomb teffulaire, dont les cubes, chargés d'une croute grifâtre fulfureufe, font tronqués, avec fpath vitreux criftallifé, en grands & petits cubes, femés de pyrites.

268. Un grand & très curieux morceau de mine de Plomb grife, folide, riche en argent, formant un bloc protuberancé & caverneux, chargé de marcaffites *en crête de coq*, de l'efpece dont nous avons parlé ci-deffus, art. 116.

269. Un autre de la même efpece, mais moins grand.

270. Un autre très-joli, de forme applatie, dont la furface fupérieure eft feule chargée de marcaffites *en crête de coq*, à lames dentelées fort faillantes, & d'un jaune éclatant, mêlées avec petits criftaux de fpath vitreux cubique.

271. Un morceau des plus rares &, pour ainfi dire, unique. C'eft une mine de plomb teffulaire en petits cubes qui ont comme végété les uns fur les autres, & qui fe ramifient de même que l'argent vierge de Ste Marie, & l'efpece de marcaffites dont nous avons parlé à l'article 115.

272. Un morceau diftingué de Galene feuilletée, finguliere en ce que fes lames femblent partir d'une ligne ou efpece de côte qui traverfe le milieu du morceau, d'où elles s'étendent à droite & à gauche, de ma-

niere à imiter une fougere ou dendrite. Cette espece, d'un éclat éblouissant & nouvellement découverte, n'a point encore paru en France.

273. Un autre de même espece & de la même beauté, dont la partie inférieure contient un Plomb couleur de corne & presque malléable. _ _ _ _ _ _ _ _

274. Un gros & très-beau morceau de Galene luisante de l'espece des deux précédentes, mais disposée par couches alternatives avec l'espece de Tripoli jaunâtre, nommé *Cauk* par les Anglois.

275. Un autre moins grand, où le *Cauk* est en veines, beaucoup plus épaisses que dans le précédent, la galene présente çà & là des surfaces en dendrites d'un grand éclat. _ _ _ _

276. Un autre, où les couches de *Cauk* sont très-minces & celles de galene alternativement, grandes & petites & ondulées. _ _ _ _

277. Un morceau rare de Galene *tricottée*, ou à petites facettes luisantes, dont les diverses inclinaisons les rendent changeantes comme la gorge de pigeon. Ce morceau est encore intéressant par sa base, qui est une mine de cuivre jaune solide. Malgré l'intime liaison de ces deux différentes substances, on ne remarque dans l'une aucun mélange de l'autre. _ _ _

278. Un joli grouppe composé de Galene luisante & de mine de Plomb tessulaire, entremêlées & tapissées de cristaux de quartz blanc avec mine de cuivre jaune : du Comté de Northumberland. _ _ _

279. Un autre de Galene luisante & tricottée, chargée de cubes de spath vitreux blanc, d'une transpa-

rence peu ordinaire , avec blende noire , & taches de
Cauk blanc.

280. Un autre , où la galene accompagne un grouppe de criſtaux de ſpath calcaire pyramidal.

281. Mine de Plomb teſſulaire , dont les cubes paroiſſent avoir été jettés confuſément les uns ſur les autres ; ils ſont ſans matrice & recouverts d'une croute
terreuſe griſâtre.

282. Galene luiſante à grands cubes , mêlée avec
un grouppe de ſpath vitreux cubique blanc , qui contient auſſi de la blende criſtalliſée.

283. Galene recouverte d'un grouppe de criſtaux de
quartz à grandes pointes.

284. Pluſieurs veines de Galene luiſante , dont une
de l'épaiſſeur d'un fil , alternatives avec des couches de
Cauk blanc & rougeâtre d'une variété plus dure & plus
compacte que celle de l'article 274.

285. Galene luiſante avec mine de fer , entremêlée de veines de ſpath calcaire blanc , & de cavités ta-
piſſées du même ſpath , en ſtalagmite granuleuſe couleur d'eau.

286. Un autre morceau peu différent.

287. Galene luiſante en veines larges , alternatives avec ſpath vitreux irrégulier.

288. Galene à grandes & petites facettes , mêlée
avec un joli grouppe de ſpath vitreux , en petits cubes ,
ſur leſquels eſt éparſe une blende criſtalliſée , luiſante & granuleuſe.

289. Un gros & riche morceau de Galene à grands
cubes , avec ſpath vitreux en petits cubes. Il eſt imbi

bé & pénétré de bitume, comme celui de l'article
260.   . . . . . . 16.

290. Galene à grandes facettes avec pyrites, cuivre coloré, fpath calcaire & fpath compacte blanc. -4-

291. Un filon de Galene luifante, enveloppé de
l'efpece de *Cauk* blanc & rougeâtre, dont on a parlé,
article 284.   . . . . 5.

262. Autre filon de mine de Plomb grife folide,
dans un fpath vitreux irrégulier, entre deux lifieres
de marcaffites fulfureufes en *Crête de Coq*.   . . . 16.

293. Deux morceaux de Galene, dont un peu commun, avec *blende phofphorique*, de l'efpece décrite article 227 ; l'autre eft de la variété de l'article 291.   .20.

294. Trois autres : fçavoir, un joli morceau en
deux parties de Galene ftriée & colorée, gorge de
pigeon, dans du quartz de Weyer Comté de Runckel ;
galene luifante avec mine de cuivre jaune, & petits
criftaux de roche entre deux lifieres de colubrine feuilletée, d'Oberenhoff, Principauté de Naffau-Dietz ;
& mine de Plomb teffulaire, en cubes dont les angles font tronqués, fur une matrice de quartz, de
Weyer.   . . . . 7.

295. Un morceau de Galene intéreffant, en ce qu'il
eft mêlé de bleu de montagne, avec mine de cuivre
grife tenant argent, & cavités tapiffées de mine de
plomb blanche en petits criftaux prifmatiques : de Langenheck, pays de Heffe.   . . . 16.

296. Deux morceaux de Galene, l'un avec cavités,
tapiffées de bleu & de verd de montagne granuleux ;

du même pays que le précédent : l'autre est une galene en gros mammelons : de Weyer.

297. Deux autres, dont un avec mine de Plomb blanche, cristallisée; de Langenheck: & un avec quartz : de Weyer.

298. Deux morceaux de Galene, l'un avec mine de plomb tessulaire , sur un joli grouppe de cristaux de spath calcaire prismatiques , entremêlés de mine de cuivre jaune; de Saxe : l'autre est par veines dans un *Cauk* blanchâtre , aussi avec cristaux de spath : d'Angleterre.

299. Deux autres , dont un rare en ce qu'il contient une blende cristallisée couleur de corne , nommée par les Allemands *Horne-blende* , avec petits cristaux spathiques & quartzeux; de Saxe : dans le second , la galene est par veines dans du spath calcaire rhomboïdal, avec spath vitreux en petits cubes ; d'Angleterre.

300. Trois autres, dont un avec pyrites sulfureuses & arsenicales ; & un de galene striée avec blende brune dans une matrice de spath compacte blanc.

301. Deux morceaux, le premier est une Galene à facettes luisantes , mêlée avec pyrites cuivreuses; l'autre une Galene ordinaire , dans une matrice de spath lenticulaire , parsemée de mine de fer.

302. Trois autres : sçavoir , 1° Galene à grandes facettes dans une mine de fer cristallisée en lames rhomboïdales assez épaisses & posées de champ, comme les spaths en *crête de Coq.* 2° Galene éparse dans un spath calcaire gris & vitreux violet, avec fausses

améthystes en petits grains cubiques. 3° Veine de ga‑
lene luisante dans du *Cauk* blanc avec une écorce de
pierre calaminaire.

303. Trois autres : sçavoir, deux filons de Galene
minces & alternatifs avec couches de *Cauk* blanc. Ga‑
lene luisante, entremêlée de mine de cuivre jaune,
dans du quartz Le troisiéme est un joli morceau de
Galene striée. 6. 1

304. Trois autres : sçavoir, Galene mêlée avec
marcassites & spath calcaire cristallisé. Galene par cou‑
ches alternatives avec *Cauk*, comme la premiere de
l'article précédent. Et Galene avec mine de fer cristal‑
lisée, de l'espece de la premiere de l'article 302. . . 18. 2

305. Trois morceaux de Galene, dont un singulier
en ce que la galene est environnée d'une couche de
mine de fer, celle-ci d'une couche de *Cauk* jaunâtre,
à laquelle succède une autre couche de fer cristallisé.
Des deux autres morceaux, l'un est avec mine de Plomb
tessulaire, calamine & quartz; le dernier est entremê‑
lé de blende dans une gangue de Spath vitreux. . . . 13. 1

306. Trois autres; le premier avec mine de plomb
tessulaire & Spath vitreux cubique; le second avec
mine de cuivre & quartz; le troisiéme est une galene
superficielle, sur une veine de *Cauk* chargée aussi de
Spath vitreux cubique. 4. 1

307. Un gros & rare morceau de galene minéralisée
dans une terre jaunâtre endurcie, dont la pesanteur
indique assez la richesse; elle est entremêlée de veines
de galene ordinaire ou non minéralisée d'Angleterre. 3°

308. Un très-beau morceau de mine de Plomb

noire, criſtalliſée en cylindres d'inégales groſſeurs, ſtriés ſuivant leur longueur, rougeâtres & brillans dans leurs fractures, & grouppés confuſément les uns ſur les autres : il vient des mines de Poullaoen en Baſſe-Bretagne.

309. Une rare & jolie mine de Plomb blanche ſpathique, criſtalliſée en filets minces & déliés, grouppés confuſément ſur une matrice remplie de galene : du Hartz.

310. Une autre en aiguilles courtes & encore plus fines, grouppées avec bleu de montagne, ſur mine de cuivre griſe.

311. Mine de Plomb rouge, différente de celle de Sibérie, mais rare & intéreſſante en ce qu'elle doit être regardée comme un *minium* naturel, ou une chaux de plomb très-facile à revivifier, par l'addition du phlogiſtique : elle vient de Langenheck, dans le pays de Naſſau.

312. Deux mines de Plomb, l'une rouge de l'eſ-pèce de la précédente, des mines de Darbyshire : l'autre eſt une marne blanchâtre très-riche en Plomb de Staffordshire.

313. Deux autres, dont une jaunâtre, eſpèce de *maſſicot* naturel, produit par la décompoſition de la galene, & mêlé avec mine de Plomb blanche criſtal-liſée ; l'autre eſt un joli morceau de mine de Plomb verte criſtalliſée : tous deux viennent de Langenheck.

314. Deux mines de Plomb ſpathiques, tirant ſur le jaunâtre ; les criſtaux de l'une ſe ramifient en forme de dendrites ; ceux de l'autre, ſont épars dans une pierre

calaminaire : la premiere eſt d'Ecoſſe, la ſeconde
de l'Iſle d'Angleſey.

315. Mine de Plomb blanche criſtalliſée, peu commune par ſa matrice qui eſt une mine de fer auſſi criſtalliſée.

316. Un riche & curieux morceau de mine de
Plomb verte & jaune criſtalliſée, ſur une matrice de
galene : de l'Iſle d'Angleſey.

317. Un rare morceau de mine de Plomb verte
en grands criſtaux priſmatiques héxaèdes tronqués ;
ſur une gangue ſpatheuſe : de Tſchoppau, en Saxe.

318. Deux mines de Plomb, l'une blanche criſtalliſée ſur du grès ferrugineux ; de Darbyshire : l'autre
eſt comme la derniere de l'article 312.

319. Deux autres, la premiere eſt une mine de
Plomb blanche en aiguilles très-déliées, épaiſes dans
une terre ferrugineuſe rouge, ou eſpèce d'émeril, qui
lui ſert de gangue ; ce morceau ſingulier vient de
Saxe. La ſeconde eſt une mine de Plomb verte &
blanche en très-petits criſtaux, formant une maſſe cellulaire & caverneuſe : de l'Iſle d'Angleſey.

320. Deux mines de Plomb blanches, l'une avec
mine de fer ſur du quartz : de Cornouaille. L'autre
avec galene ſur du grès ferrugineux : de Darbyshire.

321. Trois autres : ſçavoir, mine de Plomb verte
& blanche, ſur un filon de galene. Mine de Plomb
blanche ſuperficielle, auſſi ſur galene ; & mine de
Plomb blanche ſur mine de fer.

322. Cinq feuilles d'écume de Plomb ; cette écume

me furnage dans la fonte de ces mines, & on y remarque les couleurs vives de l'arc-en-ciel ; plus une mine
de Plomb grife folide tenant argent, avec un joli
grouppe de marcaflites en *crête de coq.* . . . . 32.

Etain.

N°. 323. Un très-rare morceau d'Etain blanc : de
Toplitz en Bohême. C'eft l'efpèce que Vallerius nom-
me *Etain minéralifé dans le fpath*, elle eft demi tranf_
parente à l'extérieur, & reflemble fort au fpath blanc.

324. Un autre non moins rare, de petits criftaux
d'Etain blancs grouppés avec grenats d'Etain dans du
quartz : de Bohême. . . . . . 50.

325. Un très-riche & très-beau grouppe de criftaux
d'Etain noirs : de Schlackenwald, en Bohême. . . . 72.

326. Un grand & riche grouppe de criftaux d'Etain
noirs, dans du quartz : d'Ehrenfriedersdorf, en Saxe. 66.

327. Un grouppe de criftaux d'Etain noirs, inté-
reflant en ce qu'il contient auffi des criftaux d'Etain
verds ; ces derniers font très-rares. . . . . . 35.

328. Mine d'Etain criftallifée noire, dans une matrice micacée, finguliere en ce qu'elle eft traverfée
par une veine de mine de fer : de Bohême. . . . . 12.

329. Un joli morceau de *Wolfram*, en criftaux
prifmatiques noirs, grouppés avec criftaux de roche :
de Saxe. *Voyez ce qui en eft dit, article 331.* . . . 36.

330. Deux morceaux ; dont un grouppe de gre-

D

nats d'Etain, & une mine d'Etain cristallisée noire, dans une gangue micacée.

331. Deux morceaux; l'un de *Wolfram* en petits cristaux prismatiques d'un beau noir, striés & luisans, qui, frappés avec l'acier, donnent des étincelles rouges, grouppés confusément dans une matrice de quartz: de Bohême; l'autre est de *Schorl* aussi en cristaux prismatiques, brun foncé, polygones & non striés, plus tendres que ceux du *Wolfram*, & qui, frappés avec l'acier, ne donnent point d'étincelles. Ils sont épars dans une pierre micacée noire de Sahlberg: comme ces deux substances se ressemblent beaucoup au premier coup d'œil, nous les joignons ici pour en faire connoître les différences.

332. Deux autres; l'un de *Wolfram*, en aiguilles prismatiques luisantes & très-déliées, éparses dans l'espèce de mine de fer, nommée par les Allemands *Eisenmann* (*mica ferri, livida : Waller.*) On remarque aussi sur ce morceau qui est de Saxe, une hématite noire granuleuse; l'autre est une pierre grise remplie & mouchetée de *Schorl*; de Cornouaille.

333. Deux petits morceaux, l'un de *Wolfram*, en très-fines aiguilles éparses dans une ochre rouge ferrugineuse, avec *Eisenmann*, de Saxe; très-rare. L'autre est un grouppe de grenats d'Etain: de Geyer en Saxe.

334. Deux morceaux peu communs; le premier est un *schorl* feuilleté, mêlé avec entroques totalement changées en spath; le second est une *pierre d'Etain.* Elle est pesante & semblable à du Spath feuilleté de couleur brune.

335. Deux autres, dont une mine d'Etain cristallisée, semée dans du quartz blanc auquel elle donne
l'apparence de granite; l'autre morceau est un vrai
granite formé d'un assemblage de grains de quartz
& de *Wolfram*. Cette espèce est peu commune, &
differe des autres granites qui sont ordinairement com-
posés de *feld-spath*, de *schorl* & de *mica*. . . . . . 24.

336. Deux mines d'Etain cristallisées; dans l'une
les cristaux sont entremêlés de *mispikkel* ou pyrite
blanche arsenicale; dans l'autre ils sont avec *Eisenmann*, riche en fer. . . . 21.

337. Deux mines d'Etain l'une cristallisée avec
quartz, d'Angleterre; l'autre en masse solide & très-
pesante : de Bohême. . . . 15. 6

338. Trois morceaux; l'un de Saxe, curieux en ce
qu'il est composé d'Etain, de *schorl* & de *Mispikkel*;
les deux autres, de Bohême, sont des mines d'Etain
cristallisées, dont une avec pierre micacée. . . . 14. 1

339. Trois mines d'Etain cristallisées, deux desquelles sont avec quartz, de Saxe; & une en masse
solide & compacte : de Bohême. . . . 10

340. Trois mines d'Etain cristallisées; dont une
d'Angleterre, peu commune en ce qu'elle est mêlée
avec mine de cuivre; les deux autres sont de Saxe. . 15. 1

341. Trois autres, dont une en très-petits cristaux
semés dans du quartz. Plus un cristal d'Etain noir. . 14

342. Quatre autres, dont une solide & compacte,
comme la seconde de l'article 337. . . . 9. 1

343. Un morceau de *schorl* rare & curieux en ce
qu'il sert de matrice à des grenats : de Bohême. . 30. 2

344. Grenats dodécaèdres dans une matrice talqueu-
fe : d'Ecoffe. Ce morceau eft peu commun. *52*

345. Deux morceaux contenant des grenats, l'un
de Saxe, eft quartz mêlé de mica ; l'autre d'Ecoffe, eft
comme celui de l'article précédent. . . . *18*

Fer.

N°. 346. Un gros & beau morceau de mine de Fer
folide rougeâtre, avec des cavités tapiffées de criftaux
de roche couleur d'améthyfte, dont plufieurs à deux
pointes, mêlés avec criftaux de Spath, qui font eux-
mêmes chargés de très-petits criftaux de roche : de
Briftol. . . . *47*

347. Un autre de même efpèce, & où l'on ne
remarque qu'une feule cavité tapiffée des mêmes criftallifations fpatheufes & quartzeufes. . . *48*

348. Un riche morceau de mine de Fer noirâtre,
chargée d'un joli grouppe de criftaux de roche à deux
pointes, dont plufieurs colorés par le Fer. . . *60*

349. Mine de Fer rougeâtre, chargée d'un très-
joli grouppe de criftaux couleur de topafe. Ils doivent
cette couleur au Fer. . . *21*

350. Deux mines de Fer, l'une rougeâtre & colorée ;
l'autre noirâtre, folide avec un grouppe de criftaux de
quartz colorés par le Fer. . . . *14*

351. Deux autres ; dont une rougeâtre folide avec
quartz criftallifé ; d'Angleterre : & une fpathique de

diverses couleurs, avec spath cristallisé ferrugineux :
de Thuringe.

352. Un rare & beau morceau de mine de Fer jaunâtre, avec cavités remplies d'un spath calcaire granuleux coloré par du verd de montagne : de Thuringe.

353. Mine de Fer plus compacte que la précédente & riche en cuivre ; elle est pareillement chargée du spath calcaire granuleux dont on vient de parler.

354. Un morceau rare & des plus singuliers, de mine de Fer réfractaire, ou *Wolfram* chargé de Fer : d'Angleterre. C'est une masse pesante & compacte, dont le tissu fibreux paroît composé d'aiguilles longues serrées étroitement les unes contre les autres ; il y en a qui sont rassemblées par faisceaux couchés sur la face supérieure. Ce morceau donne des étincelles lorsqu'on le frappe avec l'acier ; il a souffert le feu, mais il en a été peu altéré par sa qualité réfractaire. Cette substance réduite en poudre, après avoir été torréfiée, est attirable à l'aimant.

355. Un rare & curieux morceau de mine de Fer spéculaire : de Saxe. Elle est chargé d'un côté de l'espèce de mine de Fer réfractaire nommée par les Allemands *Eisenram*, qui est le mica ferrugineux rouge, (*mica ferrea rubra*) de Wallerius. Il est rempli de petits points brillans, gras au toucher comme la *Molybdene*, & tachant les doigts comme elle.

356. Mine de Fer cristallisée en pointes cunéiformes, grouppées en masse orbiculaire & mammelonnée; ce morceau singulier qui tient aussi de la galene, a été

nouvellement découvert en Angleterre, & paroît être
une mine de Fer de seconde formation. 12.1

357. Une autre de même espèce, où les cristaux
cunéiformes sont plus grands & mieux conformés. . . 16

358. Un autre morceau où parmi les cristaux cunéiformes, on en remarque d'autres plus minces & dentelés au sommet comme les marcassites en *crête de coq*,
de l'article 116.   . . . . 12.1

359. Un autre de la variété de celui de l'article
356 avec *Cauk* & galene.   . . . 10.1

360. Deux autres morceaux; dont un à cristaux
cunéiformes avec *Cauk* & *galene*; & un en *crête de coq*
à lames dentelées, plus minces que celles de l'article
358.   . . . 51.1

361. Un gros morceau d'Hématite noire mamme-
lonnée : du pays de Sayn Altenkirchen.   . . 15.

362. Une autre Hématite à mammelons plus petits
recouverts d'ochre sur une matrice de grès, (ce qui
n'est pas commun :) du pays de Trèves.   . . 9.

363. Un beau morceau d'Hématite noire luisante,
protubérancée & mammelonnée : de la Principauté de
Siegen. 14.2

364. Hématite noire, en aiguilles longues, granuleuses, serrées les unes contre les autres, avec de
larges & profondes cavités, du fond desquelles s'élè-
vent d'autres aiguilles isolées, & semblables à des
pointes d'oursin : de Hartzenberg, pays de Trèves. . . 12.1

365. Deux autres; dont une de la variété de l'article précédent, & une dont les aiguilles ou cylindres

font d'un diamètre beaucoup plus grand : de Harten-
keuler, pays de Trèves.

366. Deux Hématites, l'une en pointes, l'autre
en mammelons ; cette derniere eft un peu colorée.

367. Un gros morceau d'Hématite en forme de
depôt & par couches, avec de larges cavités à fa furface, remplies d'une multitude d'aiguilles fines, pa-
ralleles & ifolées : de Hartzenberg.

368. Hématite colorée comme la queue de paon :
du Comté de Hachembourg.

369. Trois Hématites noires, dont une en pointes ;
de Herfchbach : une formant un joli faifceau d'aiguilles ; de Gabelen, pays de Trèves : & une cellulaire & mammelonnée, fur mine de Fer compacte
grife : de Hachembourg.

370. Quatre Hématites, dont une à gros mammelons ; de Loh, Comté de Sayn Altenkirchen : & trois
cellulaires ou mammelonnées ; l'une de Herfchbach,
les deux autres de Gabelen.

371. Deux jolis morceaux ; l'un d'Hématite noire,
luifante & mammelonnée ; d'Altenkirchen : l'autre
eft une Hématite peu commune, en ce qu'elle eft dé-
compofée & chargée d'une mine de Fer fuperficielle en
petites écailles brunes & luifantes, femblables à du
mica : de Bendorff.

372. Un morceau fingulier d'Hématite noire,
mammelonnée, fur ochre ferrugineufe tenant cuivre,
avec une cavité oblongue, tapiffée de criftaux de fpath
calcaire en pointes, incruftés de verd de montagne :
de Thuringe.

373. Deux Hématites , l'une de Voigtland , est noire , luisante , à gros mammelons , chargés d'autres petits , & de quelques pointes coniques : l'autre , d'Angleterre , est rougeâtre , compacte , à longues stries & semblables à un éclat de bois.

374. Deux autres ; l'une rouge , cristallisée en pyramides ; d'Angleterre : l'autre grise cellulaire , avec mine de Fer en petits grains luisans : de Lorraine.

375. Deux morceaux , l'un d'Hématite grise & noire , avec mine de Fer ; de Voigtland : l'autre est une mine de Fer , tenant cuivre , avec ochre ferrugineuse rouge & brune , spath compacte , & verd de montagne : de Thuringe.

376. Deux morceaux , l'un d'Hématite pourpre ; d'Angleterre : l'autre est un mêlange de spath compacte blanc , de mine de Fer solide , avec mine de cuivre grise , de mine de Fer spatheuse brune & noire , d'Hématite noire mammelonnée , ochre ferrugineuse & bleu de montagne superficiel : de Kaumsdorff en Thuringe.

377. Un morceau , peu commun , de mine de Fer solide , mêlée avec mine de cuivre grise , mine de Fer spatheuse , bleu & verd de montagne , dans du spath compacte blanc , dont les lames sont disposées par faisceaux étoilés ; du même endroit que le précédent.

378. Deux morceaux , dont une Hématite noire , mammelonnée ; & une mine de Fer , tenant cuivre , avec une jolie cristallisation de spath en aiguilles luisantes : de Thuringe.

379. Deux autres , dont une Hématite grisâtre en

pointes, de forme singuliere ; & une mine de Fer, tenant cuivre, avec une croute de mine de cuivre, chargée de verd de montagne.

380. Trois jolis morceaux, sçavoir : un d'Hématite noire, de Voigtland, avec mine de Fer cristallisée superficielle ; un d'Hématite noire, de Lorraine, sur une matrice de quartz, & un d'Hématite pourpre : d'Angleterre.

381. Trois autres, sçavoir : Hématite rouge mammelonnée, sur du spath compacte ferrugineux ; d'Angleterre : mine de Fer grise, solide & compacte; de Saxe : & mine de Fer tenant cuivre : de Thuringe.

382. Un rare & curieux morceau de mine de Fer solide, à gros mammelons, chargés d'une mine de Fer spatheuse noirâtre, en petits feuillets, posés de champ & serrés les uns contre les autres, dans toutes sortes de directions, qui rendent sa surface comme tricottée.

383. Deux jolis morceaux, l'un de Saxe, est une Manganaise striée, comme l'antimoine ; l'autre, de Thuringe, est une mine de Fer spatheuse brune, avec ochre ferrugineuse.

384. Un gros & beau morceau de mine de Fer spatheuse grise, lamelleuse, rassemblée en mammellons, sur un grouppe de cristaux de spath calcaire en pointes, colorées par le Fer; la base est chargée d'une couche de mine de Fer solide, ressemblant à l'Hématite ; de Saalfeld en Thuringe.

385. Un gros morceau de mine de Fer spatheuse grise, luisante & feuilletée : de Noëla, dans le Marquisat de Bareith.

386. Un autre de même efpèce, rare en ce qu'il eft avec *Mifpikkel* ou pyrite blanche fuperficielle. . . . 8

387. Deux mines de Fer, l'une fpatheufe brune, luifante ; de Voigtland : l'autre, tenant cuivre avec ochre ferrugineufe & verd de montagne : de Thuringe. 5. 1

388. Trois morceaux ; dont deux mines de Fer fpatheufes, l'une lamelleufe noire ; de Heffe : l'autre feuilletée, brune & grife luifante ; de Noëla : le troifiéme eft une mine de Fer, tenant cuivre, avec fpath luifant granuleux : de Thuringe. . . . 6. 1

389. Deux gros morceaux : le premier eft une Hématite finguliere, en ce qu'elle eft entremêlée de très-petits criftaux de quartz brillans ; l'autre eft une ochre martiale, mêlée de fpath & de verd de montagne ; tous deux font de Thuringe. . . . 6

390. Un beau & grand morceau de mine de Fer fpatheufe blanche, entremêlée de veines de quartz, & recouverte de petits criftaux de roche chatoyans, avec colubrine feuilletée, fuperficielle : de Bendorff. 8.

391. Deux mines de Fer fpatheufes blanches, l'une de la variété précédente, avec criftaux de roche blancs & rouges, & d'autres qui font en partie rouges & en partie blancs : la feconde eft mêlée avec mine de cuivre azurée folide : de Ham, pays de Hachembourg. . . . 11. 1

392. Deux autres, dont une avec pyrites & verd de montagne fuperficiel, de diverfes nuances ; de Bendorff ; & une de la variété de la dèrniere de l'article précédent. 10. 1

395. Deux mines de Fer spatheuses, de Bendorff ;
l'une rouge, entremêlée de pyrites cuivreuses dans du
quartz, avec colubrine & verd de montagne superficiel : l'autre blanche avec cristaux de roche, blancs &
colorés, dont quelques-uns jouent l'opale. . . . . . . 10. 12.

394. Trois mines de Fer, dont une de Suéde,
bleuâtre, micacée & refractaire, nommée par les Allemands *Eisenman.* Une, du Hartz, brune solide, avec
dendrites superficielles, & une, d'Angleterre, rougeâtre avec quartz cristallisé. . . . . . 13.

395. Quatre autres : sçavoir, mine de Fer, riche
en cuivre : de Thuringe. Mine de Fer grise, solide :
de Voigtland. Ochre ferrugineuse, mêlée de verd de
montagne, & un morceau de l'espèce décrite à l'article 377.

396. Quatre Mines de Fer, dont une rougeâtre,
avec mine de Fer cristallisée, luisante & lamelleuse :
de Thuringe. Les autres sont des espèces ci-dessus décrites. . . . . . 6. 1.

397. Deux morceaux intéressans ; le premier est
une mine de Fer tenant cuivre, chargée de *Flos ferri*
mêlé avec Hématite & mine de Fer spatheuse noire :
de Thuringe. L'autre est une ochre ferrugineuse,
dont les cavités sont tapissées d'une très-jolie cristallisation de spath en aiguilles, blanches, transparen-
tes & très-déliées. . . . . 12. 1.

398. Deux autres : dont une mine de Fer poreuse,
& comme vermoulue, singuliere en ce qu'une partie
du minéral qu'elle contenoit, s'est dissipée par l'évaporation ; ces sortes de mines se trouvent à la super-

ficie des minieres. La seconde est une mine de Fer spatheuse brune, chargée d'un *Flos ferri*, ou stalactite spatheuse blanche, en choux-fleurs : de Voigtland.

399. Un beau morceau de *Flos ferri*, de Styrie, à branches courtes ramifiées, très-rare en ce qu'il tient de la Galene, mêlée avec mine de Fer.

400. Deux jolis morceaux de *Flos ferri*, en buisson ; l'un de Styrie, l'autre d'Embs.

401. Deux autres à branches naissantes, dont un d'Embs, & un de Nayla, dans le Marquisat de Bareith.

402. Deux morceaux de *Sinter*, l'un d'Angleterre, à petits mammelons ; l'autre de Saxe, à mammelons beaucoup plus grands, ornés de Zônes concentriques, & singuliers en ce qu'ils recouvrent un amas de globules ou fragmens de miné de Fer & de *Sinter*, liés ensemble en façon de poudingue.

Cuivre.

Nº. 403. Un morceau de Cuivre vierge de différentes couleurs, mêlé avec malachite : de Cornouaille.

404. Un autre morceau de Cuivre vierge, entremêlé de verd de montagne, avec mine fer & cavités remplies de spath calcaire mammelonné : de Thuringe.

405. Un morceau curieux de Cuivre vierge, mê-

lé avec mine de fer & verd de montagne, le tout dif-
pofé par couches autour d'un noyau de marbre de
Fifcher zeche, à Kaumsdorff en Thuringe. Ce morceau qui a été poli fur deux de fes faces, a ceci de
fingulier, que le Cuivre eft pour ainfi dire enveloppé
& recouvert par le fer qui lui a communiqué fa couleur brune.

406. Un autre de même efpèce, où le Cuivre eft auffi
enveloppé par le fer & par une ochre ferrugineufe fuperficielle, qui difparoît & laiffe le Cuivre à découvert pour peu qu'on la gratte avec un couteau.

407. Cuivre rouge natif, coloré comme le Cinabre, fur une gangue de quartz : de Cornouaille.

408. Deux morceaux, dont un poli en différens
fens, rare & curieux en ce qu'il eft entremêlé
& comme marbré de veines de Malachite, de Cuivre vierge & de mine de fer. L'autre eft auffi un mêlange de Cuivre vierge, de mine de fer & de verd de
montagne, avec un fpath granuleux, coloré par le
Cuivre, chargé en quelques endroits de Cuivre natif.

409. Deux autres, dont un de la nature du premier
de l'article précédent, & un de Cuivre vierge fans aucun mêlange : de Cornouaille.

410. Deux autres, dont un de l'efpèce décrite, article
404, & un morceau de *Cuivre-rofette* eu grumeaux.

411. Cuivre & mine de Fer mêlés enfemble, avec
une très-jolie criftallifation de fpath en aiguilles &
en mammelons, chargés de verd de montagne.

412. Un autre morceau de même efpèce que le

précédent ; mais où la criftallifation de fpath eft différente.

413. Deux morceaux, l'un de Cuivre vierge, mêlé avec mine de fer, veines de fpath en aiguilles, & verd de montagne : il eft poli d'un côté ; l'autre eft de *Cuivre-rofette* en grumeaux.

414. Deux morceaux de Cuivre vierge, mêlé avec mine de fer : l'un, de Suéde, eft avec mine de Cuivre jaune, & verd de montagne : l'autre de Thuringe, eft avec Molybdène & une jolie criftallifation de fpath.

415. Un morceau de Cuivre rouge natif, couleur de Cinabre, mêlé avec mine de fer & en grumeaux entourés de verd de montagne : de Thuringe.

416. Deux morceaux de Cuivre vierge, dont un rouge de Cinabre, tous deux avec mine de fer & verd de montagne.

417. Deux autres, l'un dans du fchifte ; d'Eifleben : l'autre avec mine de fer, fpath en aiguilles, & verd de montagne granuleux : de Thuringe.

418. Deux morceaux de Cuivre vierge, l'un defquels à fouffert le feu, & eft chargé de verd de montagne : l'autre eft avec mine de fer & mine de Cuivre jaune.

419. Deux autres, dont un avec hématite tenant Cuivre & verd de montagne, & un de la variété du premier de l'article 408. Plus, un morceau de *Cuivre-rofette*.

420. Deux morceaux de Cuivre vierge en grains, mêlés de verd de montagne, dont un avec hématite : de Thuringe.

421. Un morceau rare de mine de Cuivre rouge , colorée comme la mine d'argent rouge , & entremêlée de veines de mine de Cuivre satinée, ou verd de montagne pur , avec verd de montagne terreux & ochre ferrugineuse : de Thuringe.

422. Un très-rare morceau de mine de Cuivre en petits cristaux octaëdres, colorés comme l'argent rouge, mêlés avec mine d'Arsenic blanche , dans une gangue quartzeuse : de Cornouaille.

423. Un autre plus petit, mais dont la couleur est encore plus vive & plus brillante. Il est très-riche en Cuivre.

424. Un beau morceau de mine de Cuivre azurée, solide, riche en argent, avec quartz : de Ste Marie aux Mines.

425. Deux morceaux, l'un de mine de Cuivre vitreuse, azurée, de différentes couleurs, dans du quartz ; de Cornouaille : l'autre de mine de Cuivre grise , tenant Cobalt avec mine de fer & spath compacte blanc : de Thuringe.

426. Deux jolis morceaux, dont une mine de Cuivre jaune, chargée d'un grouppe de cristaux de spath couleur d'eau , singuliers par leur forme globuleuse ; l'autre est une mine de Cuivre couleur de *queue de paon*, dans du spath compacte blanc.

427. Deux mines de Cuivre , l'une vitreuse avec Molybdène & quartz ; d'Angleterre : l'autre grise, dans une matrice de pierre argilleuse , peu commune en ce qu'elle est percée d'une infinité de petits trous qui la font paroître comme vermoulue. Elle est aussi chargée de verd de montagne, & vient de Nohfeld.

428. Deux morceaux intéreſſans & peu communs, dont une mine de Cuivre ſpéculaire & ſtriée, ſur du quartz ; de Thuringe : l'autre eſt mine de Cuivre vitreuſe, couleur d'acier, feuilletée comme la Galene, & chatoyante : elle eſt mêlée avec verd de montagne, & riche en argent; de Nohfeld. 18

429. Deux mines de Cuivre, dont une réunit, par ſes couleurs, les deux variétés, nommées *gorge de pigeon*, & *queue de paon*, dans un ſpath calcaire blanc : d'Angleterre. L'autre ne differe de la derniere de l'article 427, qu'en ce que ſa matrice eſt colorée en brun par le fer. . . . 8.

430. Un rare & curieux morceau de mine de Cuivre colorée & *gorge de pigeon*, formant de grandes & belles arboriſations dans un ſpath compacte blanc : de Thuringe. . . . 48.

431. Un autre encore plus beau, où les dendrites ſont en mine de Cuivre jaune, mais incruſtées pour la plûpart d'une vapeur noire ſuperficielle, qui contraſte avec le fond blanc du ſpath calcaire grenu & luiſant, qui ſert de gangue à ce morceau. . . . 6.

432. Un autre de même eſpèce, où la vapeur, qui colore le Cuivre, eſt rougeâtre, & le ſpath jaunâtre, avec une liſiere de grès ferrugineux. . . 23.

433. Deux jolis morceaux, dont une mine de Cuivre en dendrites *gorge de pigeon*, perſemées de petits points brillans pyriteux : & une mine de Cuivre en petits criſtaux octaëdres, de couleur pourpre, jaune & azurée, dans une matrice de *Cauk* : d'Angleterre. 40.

434. Deux autres, dont une mine de Cuivre criſtalliſée,

tallisée, jaune & couleur de saphir, dans du *Cauk*
mammelonné, chargé de pyrites cuivreuses, colorées ;
l'autre est une mine de Cuivre jaune, dans du spath
calcaire blanc & friable.

435. Mine de Cuivre de différentes couleurs, rare
& singuliere par sa matrice qui est lardée d'Entroques ;
d'Angleterre.

436. Deux morceaux, l'un de mine de Cuivre ,
gorge de pigeon & queue de paon, dans du quartz ; de
Bohême : l'autre de mine de Cuivre grise tenant cobalt avec mine de fer dans du spath compacte blanc ;
de Thuringe.

437. Deux autres, dont une mine de Cuivre jaune
solide, mêlée avec bleu & verd de montagne, dans
du *Cauk* chargé de mine de fer ; & une mine de Cuivre colorée sur une gangue de pierre calcaire grise ,
veinée de spath blanc.

438. Deux mines de Cuivre, l'une colorée dans du
spath calcaire rhomboïdal, l'autre grise dans du spath
compacte blanc.

439. Une très - jolie mine de Cuivre couleur de
queue de paon, entremêlée également avec spath calcaire blanc ; ce qui a fait donner à cette espèce le nom de
mine de Cuivre tigrée.

440. Un autre morceau plus grand de mine de
Cuivre tigrée jaune & gorge de pigeon, dans du spath
jaunâtre.

441. Un autre encore plus grand , dont le spath
est couleur de chair.

442. Deux jolis morceaux, dont une mine de Cui-

E

vre tigrée dans du fpath blanc , & une mine de Cuivre jaune, avec mine de Cuivre verte foyeufe, & quartz criftallifé : du Tillot. . . . . . . 3o.

443. Une belle mine de Cuivre azurée & couleur de queue de paon, entremêlée de fpath calcaire blanc : de Thuringe. . . . . 12.

444. Deux mines de Cuivre , l'une grife, tenant cobalt avec du verd de montagne ; l'autre colorée , mêlée de fpath compacte blanc : de Bohême. . . . 6.

445. Deux morceaux , dont une mine de Cuivre jaune & azurée , avec fpath calcaire hépatique , & fpath compacte blanc : de Thuringe. L'autre eft une pyrite cuivreufe mammelonnée , à petits grains luifans & colorés , mêlés de verd de montagne , fur une pierre calcaire grife : d'Angleterre. . . . 6.

446. Deux autres , dont une très-jolie mine de Cuivre jaune à petites cavités , tapiffées de pyrites criftallifées d'un grand éclat : & une mine de Cuivre gorge de pigeon , entremêlée de fpath calcaire blanc. 17.

447. Mine de Cuivre criftallifée d'une beauté finguliere, à petits criftaux octaëdres de diverfes couleurs, mais où le pourpre & l'azur dominent davantage ; ils tapiffent les cavités d'une matrice de *Cauk* , mêlée de fpath calcaire : d'Angleterre. . . . . 96.

448. Une autre auffi brillante que la précédente. 7o.

449. Deux mines de Cuivre , dont une azurée , entremêlée de veines de fpath ferrugineux; & une de couleurs variées & très-vives, fur du *Cauk* blanc. 12.

450. Deux morceaux, dont une jolie mine de Cuivre en dendrites noires & violettes , femées de petits points brillans jaunes ; & une de mine de fer tenant

Cuivre, dont les cavités contiennent du verd de montagne. ... 15

451. Deux autres, dont une mine de Cuivre jaune, hépatique & azurée, entremêlée de fpath, & une mine de Cuivre criftallifée de diverfes couleurs, dans du quartz. ... 12. 1

452. Deux mines de Cuivre, l'une jaune & hépatique, chargée de verd de montagne & veinée de fpath compacte blanc ; l'autre grife & colorée, avec quartz & fpath. ... 8. 1

453. Deux mines de Cuivre, l'une tigrée, intéreffante par la variété de fes couleurs. On y remarque du Cuivre jaune, hépatique, couleur de queue de paon, & gorge de pigeon. L'autre eft criftallifée, auffi de diverfes couleurs, avec pyrites cuivreufes dans du *Cauk* blanc. 32.

454. Un grand morceau de mine de Cuivre en dendrites de la variété de l'article 430. ... 15. 2

455. Deux mines de Cuivre, l'une hépatique & azurée, en maffe grumelée & granuleufe, chargée de verd de montagne ; l'autre jaune & hépatique, dans du fpath compacte blanc. ... 8.

456. Deux autres, dont une comme la premiere de l'article 453, avec fpath grenu ferrugineux : & une comme la premiere de l'article précédent. ... 10. 1

457. Un beau morceau de mine de Cuivre hépatique & criftallifée, dans une matrice de fpath perlé blanc : de Thuringe. ... 15. 1

458. Trois morceaux, fçavoir : mine de Cuivre jaune & criftallifée, dans du quartz ; de Weldentz: mine de Cuivre d'un jaune pâle avec mine de fer 6. 12

E ij

fpathique & granuleufe, rouge ; de Bendorff : & une mine de Cuivre colorée, avec mine de fer fpathique : du Comté de Neuwied.

459. Un grand morceau de mine de Cuivre tigrée jaune & colorée : de Thuringe.

460. Trois morceaux, fçavoir : mine de Cuivre criftallifée & colorée, fur du fpath calcaire rhomboïdal ; d'Angleterre : mine de Cuivre noire, avec *Miſpikkel*, dans du fpath compacte ; d'Ecoffe : & mine de Cuivre jaune & hépatique, en dendrites, entremêlée de petits points brillans : de Thuringe.

461. Trois mines de Cuivre dont une criftallifée, une couleur de queue de paon, & la derniere d'un jaune pâle.

462. Trois autres, dont une à petites lames entre-lacées, qui la font paroître comme *tricottée* ; une co-lorée, non luifante, & une criftallifée avec pyrites cuivreufes colorées dans du *Cauk.*

463. Trois autres, dont une jaune & hépatique, avec fpath perlé fur une gangue de pierre calcaire ; de Thuringe : une jaune & azurée très-vive en couleurs ; de Bohême : & une jaune pâle mêlée de verd de montagne : d'Angleterre.

464. Trois autres, fçavoir : mine de Cuivre jaune, bleu de montagne & ochre ferrugineufe dans du quartz ; d'Embs, pays de Naffau ; mine de cuivre d'un jaune pâle avec mine de Fer fpatheufe ; de Bendorff : & mine de cuivre grifâtre très-riche : de Fifchbach, Comté de Herftein.

465. Deux mines de Cuivre, l'une hépatique noire,

mêlée de spath compacte blanc ; de Thuringe : l'autre d'un jaune pâle avec pyrites arsenicales, spath vitreux cubique & irrégulier, & spath calcaire cristallisé : d'Angleterre.

466. Quatre autres : sçavoir, mine de Cuivre cristallisée & colorée, dans du *Cauk* ; mine de Cuivre d'un jaune pâle avec *Mispikkel* & spath compacte ; mine de Cuivre colorée avec pyrites cuivreuses éparses sur du spath calcaire ; & mine de Cuivre gorge de pigeon, avec mine de fer & verd de montagne.

467. Quatre autres : sçavoir, mine de Cuivre jaune en cristaux octaëdres, avec quartz cristallisé ; mine de Cuivre grise cristallisée, avec mine de fer & verd de montagne ; & deux mines de Cuivre couleur de queue de paon, dont une entremêlée de spath calcaire, & l'autre de spath compacte.

468. Un très-beau morceau d'Azur de Cuivre en petits cristaux lamelleux & luisans, mêlés avec verd de montagne granuleux dans les cavités d'un spath compacte blanc feuilleté, recouvert presque par-tout de verd de montagne ou verdet superficiel : de Saalfeld, en Thuringe.

469. Azur de Cuivre en petits mammelons veloutés, tapissant de larges & profondes cavités, qui se trouvent dans une mine de fer, mêlée de mine de cuivre & de verd de montagne : de Bohême.

470. Azur de Cuivre granuleux, dans les cavités d'un spath compacte blanc, mêlé de verd de montagne : de Thuringe.

E iij

471. Un rare & curieux morceau, rempli de Bleu & de Verd de montagne granuleux, mêlés avec mine de Cuivre verte foyeufe, fur un grouppe de petits criftaux de quartz, dans les cavités d'une mine de Cuivre grife tenant argent, de Sainte Marie aux mines.

472. Un autre morceau intéreffant par la variété des fubftances qu'il renferme; outre l'Azur en petits criftaux luifans, le Bleu & le Verd de montagne en grains & fuperficiels de diverfes nuances, on y remarque une veine de mine de Cuivre vitreufe verdâtre & femblable à des fcories, avec ochre ferrugineufe, dans du fpath compacte blanc.

473. Un autre de même efpèce & encore plus riche, avec une veine de mine de Cuivre grife couleur d'acier, nommée par les Allemands *fahlertz* : il eft aifé de voir dans ce morceau le paffage de la couleur bleue à la couleur verte.

474. Azur criftallifé mêlé de bleu & de verd de montagne, fur une riche mine de Cuivre noirâtre, tenant argent, avec fpath compacte blanc : de Thuringe.

475. Deux morceaux, l'un d'Azur criftallifé, mêlé de verd de montagne, avec mine de Cuivre hépatique fuperficielle, *fahlertz*, & ochre ferrugineufe, dans du fpath compacte bleuâtre, ainfi coloré par le bleu de montagne dont il eft rempli; l'autre eft auffi d'Azur en petits grains, avec bleu de montagne & *fahlertz* : de Voigtland.

476. Deux morceaux d'Azur granuleux; l'un est luisant dans une mine de fer; l'autre non luisant dans du spath compacte.

477. Deux morceaux, l'un de Bleu & de Verd de montagne mêlés avec *fahlertz* & ochre ferrugineuse dans du spath; dans l'autre le bleu & le verd de montagne sont sur une mine de fer remplie d'entroques; ce dernier est rare, & vient d'Angleterre.

478. Trois jolis morceaux; dont un intéressant en ce qu'il est chargé d'un très-bel Azur en mammelons veloutés, recouvrant une veine de malachite avec spath & ochre; de Thuringe : dans les deux autres, l'Azur est en petits cristaux luisans, qui tapissent les cavités d'une ochre ferrugineuse, de Bohême ; & d'un spath compacte blanc , de Thuringe.

479. Deux morceaux, l'un d'Azur en petits cristaux luisans, grouppés en mammelons, dans les cavités d'une mine de cuivre grise & noire mêlée de verd de montagne ; & un comme le dernier de l'article 477.

480. Deux morceaux, l'un de Bleu & de Verd de montagne granuleux, avec mine de Cuivre jaune & mine de fer solide; de Blanckenbourg, dans la Principauté de Swartzbourg : l'autre de Bleu de montagne en grains & superficiel avec *fahlertz* & spath compacte.

481. Deux morceaux intéressans, dont un d'Azur foncé granuleux, mêlé avec d'autre bleu céleste, qui commence à passer au verd, dans les cavités d'un spath compacte; & un où l'on remarque la même

altération, mais moins avancée, dans une riche mine de *fahlertz* tenant cobalt : de Saalfeld.

482. Azur granuleux de diverses nuances, mêlé avec *fahlertz*, riche en argent, verd de montagne, galene, mine de fer & ochre ferrugineufe : de Langenheck, pays de Heffe.   *8. 10*

483. Deux autres morceaux d'Azur du même endroit, l'un avec *fahlertz* & *maficot* naturel, (voyez l'article 313;) l'autre eft comme celui de l'article précédent.   *8. 10*

484. Un grand morceau de Bleu de montagne, dont la plus grande partie a paffé au verd, mêlé avec mine de Cuivre colorée fuperficielle, & criftaux de fpath calcaire, dans une gangue fpatheufe femée d'entroques : d'Angleterre.   *6.*

485. Deux jolis morceaux d'Azur; l'un granuleux & fuperficiel dans du fpath compacte avec de l'ochre; l'autre mammelonné, bleu foncé, avec mine de Cuivre noire folide, auffi avec de l'ochre.   *44.1*

486. Deux morceaux d'Azur lamelleux; l'un avec azur altéré devenu bleu célefte, & verd de montagne granuleux velouté, fur une riche veine de *fahlertz* teinte de bleu de montagne; l'autre eft mêlé auffi de verd de montagne avec de l'ochre dans une mine de fer.   *13. 6*

487. Deux morceaux de Bleu & de Verd de montagne, l'un avec mine de Cuivre jaune dans du *Cauk* mêlé de fpath calcaire; l'autre avec mine de Cuivre grife, fpaths calcaire & compacte blancs, mêlé d'ochre.   *3. 11*

488. Deux petits morceaux intéreſſans, l'un d'Azur mammelonné & velouté, avec bleu de montagne ſuperficiel mêlé de verd de montagne, ſur mine de Cuivre griſe veinée d'ochre ; dans l'autre l'Azur en petits grains luiſans, eſt chargé d'une malachite mammelonnée, verd foncé, avec bleu ſuperficiel ſur du ſpath compacte blanc.

489. Deux morceaux de Bleu & de Verd de montagne ; l'un avec mine de Cuivre hépatique & colorée ſuperficielle ſur du ſpath calcaire criſtalliſé, dans une matrice ſemé d'entroques ; l'autre avec *fahlertz* & ochre ferrugineuſe, mêlée de Spath compacte.

490. Deux autres ; dans le premier le Bleu de montagne eſt ſuperficiel avec mine de cobalt noire, ſur du ſpath compacte ; le ſecond eſt mêlé de bleu céleſte & de verd de montagne dans une ochre ferrugineuſe.

491. Deux morceaux curieux ; l'un d'Azur lamelleux & luiſant, mammelonné dans les cavités, ou diſpoſé par couches minces, entre les lames d'un ſpath compacte feuilleté ; l'une de ces couches eſt recouvertes d'un beau Verd de montagne en fleurs ſuperficielles & mammelonnées ; Ce morceau tient auſſi de la mine de Cuivre ſolide noirâtre : l'autre eſt un mélange de Bleu & de Verd de montagne entre des criſtaux de ſpath, ſur une gangue de pierre calcaire ſemée d'entroques ferrugineuſes à demi détruites.

492. Trois morceaux de Bleu de montagne, dont un avec mine de Cuivre hépatique, azur lamelleux & verd de montagne ; un avec mine de Cuivre griſe, &

un mêlé de verd de montagne dans du spath calcaire.

493. Trois autres; dans l'un le Bleu de montagne est superficiel & interposé entre les feuilles d'un spath compacte qu'il colore, ce spath est mêlé aussi de beaucoup d'ochre; un avec mine de Cuivre jaune; d'Angleterre: & un avec mine de Cuivre grise: de Voigtland.

494. Quatre autres, sçavoir: un avec mine de Cuivre noire semblable à des scories & verd de montagne; un avec mine de fer spathique, *fahlertz*, & mine de Cuivre jaune dans du spath compacte; un entre-mêlé d'ochre & de verd de montagne, & un comme le premier de l'article précédent.

495. Un morceau rare de Verd de montagne en mammelons granuleux, recouvrant une veine de mine de Cuivre vitreuse noire, nommée mine de poix, (*minera cupri picea*) : elle est mêlée de *fahlertz*, dans un spath compacte blanc: de Thuringe.

496. Un gros & riche morceau de Verd de montagne granuleux mêlé d'ochre ferrugineuse: de Voigtland.

497. Un autre en masse poreuse & spongieuse, avec mine de Cuivre jaune & ochre: de Voigtland.

498. Un beau morceau de Malachite, granuleuse & superficielle, dans un grouppe de cristaux de spath calcaire, dont elle recouvre quelques-uns.

499. Deux jolis morceaux, l'un de mine de Cuivre jaune solide, en végétation, couverte de verd de montagne, avec ochre ferrugineuse: de Kaumsdorff

en Thuringe ; l'autre eſt une couche de Malachite ſur mine de fer tenant Cuivre : de Saalfeld.]

500. Deux morceaux intéreſſans, l'un, du Tillot, eſt compoſé de mine de Cuivre verte ſoyeuſe, mine de Cuivre jaune ſolide, & vitreuſe noire ſemblable à de la poix , avec une jolie criſtalliſation de quartz, chargée d'un Verd de montagne très-foncé, en petits mammelons veloutés. L'autre , de Thuringe , eſt un Verd de montagne, recouvrant du ſpath calcaire, criſtalliſé en *crête de coq* , dans une ochre ferrugineuſe.

501. Un joli morceau de ſpath calcaire, mammelonné, coloré par le Verd de montagne qu'il contient, ſur une ochre ferrugineuſe : de Saalfeld.

502. Deux autres, dont un de mine de Cuivre ſatinée avec mine de Cuivre jaune & colorée ; du Tillot ; & un de Verd de montagne velouté & mammelonné, dans une cavité de ſpath compacte blanc, qui tient auſſi du bleu de montagne ſuperficiel.

503. Deux morceaux , l'un de Verd de montagne ſuperficiel, ſur du ſpath ; l'autre de Verd de montagne granuleux, ſur une mine de Cuivre hépatique , en maſſe tuberculeuſe & mammelonnée : de Kaumſdorff.

504. Deux morceaux tenant du Verd de montagne : l'un rare, eſt une mine de Cuivre vitreuſe, verdâtre en forme de ſcories & noire, couleur de poix ; de Saalfeld : l'autre eſt de l'eſpèce du dernier de l'article précédent , mais avec une matrice de mine de fer riche en Cuivre.

505. Deux morceaux de Verd de montagne, l'un

avec mine de fer ; l'autre avec Entroques, dans une gangue de *Cauk* blanchâtre.

506. Deux autres, dont un avec mine de Cuivre verte soyeuse ; & un avec spath grenu cristallisé, entre deux lisieres de mine de fer riche en Cuivre.

507. Deux morceaux, l'un de Verd de montagne terreux, dans du spath friable ; de Voigtland : l'autre de Verd de montagne granuleux, sur une mine de Cuivre hépatique & azurée : de Thuringe.

508. Deux autres, dont un de Bohême, en deux parties, semées de petits cristaux de quartz, entre-mêlés de verd de montagne, avec une veine de mine de Cuivre vitreuse noire, semblable à de la poix. Et un de Blankenbourg, où le Bleu de montagne a presqu'entierement passé au verd, avec mine de Cuivre jaune, dans une mine de fer compacte.

509. Un beau morceau de Verd de montagne granuleux & velouté de diverses nuances, sur mine de fer, mêlée de spath compacte blanc.

510. Deux morceaux de Verd de montagne, l'un terreux, spongieux & friable ; de Voigtland : l'autre avec spath calcaire, mammelonné, & mine de fer, riche en Cuivre : de Thuringe.

511. Deux jolis morceaux de Verd de montagne, l'un granuleux dans des cavités de spath, avec bleu de montagne : l'autre velouté & mammelonné, dans une mine de fer riche en Cuivre.

512. Deux morceaux de Verd de montagne, l'un granuleux avec spath calcaire cristallisé, en grains couleur d'eau, & en aiguilles blanches : l'autre, ter-

reux avec mine de Cuivre vitreuſe , couleur de poix.

513. Deux autres , dont un mammelonné dans de l'ochre ferrugineuſe ; & un granuleux avec *Fahlertz* & ſpath compacte blanc.

514. Une belle mine de Cuivre ſatinée, mêlée de mine de Cuivre vitreuſe couleur de poix , avec mine de Cuivre jaune ſolide & ſpath friable : de Blanckenbourg.

515. Trois morceaux ; ſçavoir : Verd de montagne mammelonné , de diverſes nuances , ſur de l'ochre ferrugineuſe : autre , auſſi mammelonné , dans du ſpath avec azur granuleux luiſant : & Verd de montagne , ſur mine de fer riche en Cuivre.

516. Verd de montagne granuleux & ſuperficiel , avec mine de Cuivre jaune , éparſe dans du ſpath calcaire rhomboïdal : d'Angleterre.

517. Trois morceaux de Verd de montagne, dont un mammelonné , ſur mine de fer riche en Cuivre ; & deux granuleux , l'un ſur ochre ferrugineuſe , l'autre ſur pierre calcaire , mêlée d'Entroques.

518. Trois autres , dont un avec ſpath calcaire en aiguilles , ſur mine de fer : un , avec mine de Cuivre jaune dans du *Cauk* poreux & comme vermoulu , & un , ſemblable au dernier de l'article précédent.

519. Quatre autres , ſçavoir : Verd de montagne mammelonné & velouté, dans une mine de fer ſolide. Autre auſſi mammelonné , avec mine verte ſoyeuſe : un , comme le premier de l'article 512 , & un avec mine de Cuivre jaune & *Cauk*.

520. Un morceau ſingulier par la maniere dont il

s'eſt formé. C'eſt un aſſemblage confus de criſtaux & de fragmens de quartz, liés & agglutinés par un ſuc lapidifique & recouverts par du verd de montagne. On trouve ces ſortes de morceaux dans les mines anciennement exploitées ; c'eſt ce que les Mineurs Allemans nomment *Alten-mann* (Vieux homme).

Argent.

N°. 521. Un beau & riche morceau d'Argent vierge en dendrites, entremêlé de mine d'Argent vitreuſe en très-petits criſtaux, dans du ſpath compacte & calcaire : de Freyberg.

522. Un autre de même eſpèce, & non moins riche, où les petites ramifications de l'Argent vierge ſont en quelques endroits couleur d'or.

523. Un autre fort joli, où l'Argent vierge, plus dégagé de ſa matrice, eſt entrelacé de maniere à imiter un galon d'Argent.

524. Un autre joli morceau, preſqu'entierement dégagé de ſa matrice, & repréſentant un petit buiſſon.

525. Un autre, comme celui de l'article 521, mais moins gros.

526. Une Agathe du Potoſi, polie d'un côté, & remplie d'Argent vierge en filets dentelés, ſemés confuſément, qui rendent ce morceau très-curieux.

527. Un beau morceau d'Argent vierge en pointes, dans du quartz, mêlé de Calcedoine : auſſi du Potoſi.

528. Un riche morceau d'Argent vierge en feuillets, ftriés & dentelés, couchés dans une gangue de quartz, en partie criftallifés, avec une veine de mine d'Argent vitreufe : de Galice.

529. Un autre de la même efpèce, où quelques feuillets font à nud & élevés fur la matrice.

530. Deux jolis morceaux d'Argent vierge en dendrites, & dégagés d'une partie de leur gangue, l'un defquels eft coloré comme la queue de paon.

531. Un très-joli morceau d'Argent vierge en cheveux, raffemblés en petites touffes luifantes, & prefque fans matrice : de Johann-Georgenftadt.

532. Argent vierge en pointes, entre deux lifieres d'un fpath compacte marbré. Ce morceau eft poli d'un côté, & du même endroit que le précédent.

533. Argent vierge en pointes granuleufes, & en petits rameaux faillans fur la gangue : de Freyberg.

534. Deux petits morceaux d'Argent vierge, l'un en dendrites, couleur d'or, dans du fpath ; de Freyberg : l'autre en pointes, dans une Agathe du Potofi.

535. Deux morceaux d'Argent vierge, l'un capillaire avec mine d'Argent vitreufe, dans du quartz, entre deux lifieres de pierre ollaire ; de Johann-Georgenftadt : l'autre en pointes, dans du fpath compacte : de Freyberg.

536. Deux petits morceaux d'Argent vierge en pointes, avec mine d'Argent vitreufe ; l'un dans du quartz, l'autre dans du fpath grenu.

537. Argent vierge, mêlé avec mine d'Argent vitreufe, dans du fpath compacte de diverfes cou-

leurs. Cette efpèce , nommée *Mine d'Argent tigrée*, vient de la mine de Kuhfchacht, près de Freyberg.

538. Un rare & curieux morceau de mine d'Argent vitreufe, criftallifée , & difpofée en maniere de tige granuleufe & contournée : de la mine d'Himmelf-furften , près Freyberg. ... 86.

539. Un autre de la même efpèce , mais plus petit. 12.

540. Mine d'Argent vitreufe, très riche , dans une matrice de fpath : de Freyberg. ... 36.

541. Autre morceau très-riche de mine d'Argent vitreufe, criftallifée & granuleufe, dans du fpath ; rare. ... 64.

542. Mine d'Argent vitreufe, criftallifée , mêlée avec mine d'Argent rouge, non criftallifée, auffi dans du fpath : de Freyberg. ... 15.

543. Mine d'Argent vitreufe , avec mine d'Argent rouge, toutes deux criftallifées , dans une matrice de fpath , mêlée de pyrites arfenicales : de Johann-Georgenftadt. ... 6.

544. *Idem.* ... 15.

545. Deux mines d'Argent vitreufes, l'une folide, l'autre mêlée avec mine d'Argent rouge. ... 14

546. Un beau & rare morceau de mine d'Argent en plumes, ou en filets capillaires, très-déliés, fur une matrice de quartz, veinée de mine d'Argent grife & rouge foncé, avec marcaffites : de Kuhschacht près Freyberg. ... 30

547. Un autre morceau de la même efpèce, mais plus petit. ... 25.

548. Un fuperbe morceau de mine d'Argent rouge criftallifée

criftallifée : formant plufieurs petits grouppes de l'éclat
le plus vif fur une matrice de fpath grenu & lamelleux, remplie de mine d'Argent noire folide & de
veines de mine d'argent rouge : du Hartz.   - - - 220

549. Un très-joli grouppe de criftaux de mine
d'Argent rouge foncée, entremêlés avec criftaux de
fpath calcaire à deux pointes, blancs & tranfparens :
du Hartz.   - - 140

550. Un autre du même endroit & de la même beauté, où la plûpart des criftaux d'argent rouge font
tranfparens comme des grenats.   - - 44

551. Mine d'Argent rouge en petits criftaux dans
les cavités d'une mine d'argent noire, avec quartz
& pyrites : de Johann-Georgenftadt.   - - 8. 1

552. Mine d'Argent rouge folide & criftallifée avec
mine d'argent grife, blende, quartz & fpath lenticulaire : de Sainte Marie aux mines.   - - 16

553. Deux mines d'Argent rouge, l'une fuperficielle & ftriée comme l'antimoine, fur une matrice de
quartz ; de Saxe : l'autre en petits criftaux fur du
quartz criftallifé : du Hartz.   - - 12. 2

554. Deux mines d'Argent rouge folide, l'une avec
argent rouge en aiguilles fuperficielles comme la premiere de l'article précédent ; l'autre avec argent rouge
fuperficiel bleuâtre : auffi de Saxe.   - - 9. 1

555. Deux autres ; dans l'une l'Argent rouge eft
avec mine d'argent vitreufe fuperficielle ; de Johann-
Georgenftadt : dans l'autre il eft criftallifé & mêlé
avec mine d'argent grife, galene & pyrites, dans du
fpath criftallifé : de Saxe.   - - 7. 1

F

556. Un grand & curieux morceau de mine d'Argent rouge foncée, solide & en petits mammelons granuleux mêlés avec mine d'argent grise, galene & pyrites : de Freyberg. - - - - - - - - - - 18.

557. *Idem*, moins grand. - - - - - 16

558. Mine d'Argent rouge, solide & superficielle, avec quartz cristallisé : de Sainte Marie aux mines. - 8.

559. Trois mines d'argent rouge, dont une cristallisée, avec galene, quartz & spath ; & deux superficielles ; l'une sur du quartz, l'autre avec galene & spath : toutes les trois sont de Saxe. - - - 6.

560. Trois autres, sçavoir : mine d'Argent rouge cristallisée sur spath grenu brun ; mine d'Argent rouge foncée dans du quartz, & mine d'Argent rouge superficielle, avec galene sur du quartz. - - - 3. 1

561. Trois autres, sçavoir : mine d'Argent rouge avec mine d'argent noire solide ; mine d'Argent rouge solide dans une pierre calcaire grise, & mine d'Argent rouge superficielle avec mine d'argent grise entre deux lisieres de galene, dans du spath calcaire. - - 7

562. Un beau morceau de mine d'Argent grise solide & cristallisée dans des cavités de quartz aussi cristallisé : de Sainte Marie aux mines. Les cristaux d'Argent gris sont triangulaires & rassemblés en plusieurs petits grouppes d'un éclat singulier. - - - - 15. 2

563. Un autre de même espèce, à cristaux plus petits, avec quartz & spath calcaire. - - 34

564. Un gros & riche morceau de mine d'Argent grise & noire luisante, mêlée avec pyrites blanches arsenicales cristallisées : de Freyberg. - - 25. 3

565. Un autre auſſi grand & de la même richeſſe.

566. *Idem*. moins grand.

567. Deux mines d'Argent griſes ſolides; l'une avec galene & mine d'argent noire; de Saxe : l'autre avec mine de cuivre jaune : de Ste Marie aux Mines.

568. Deux autres, l'une avec quartz; l'autre avec galéne & quartz en partie criſtalliſé; de Ste Marie aux mines.

569. Trois mines d'Argent griſes; dont une riche dans du quartz; une avec mine de cuivre jaune, galene & quartz : & une avec galene & quartz ſeulement.

570. Trois morceaux, ſçavoir : mine d'argent griſe criſtalliſée & luiſante en petits grains dans du quartz : de Saxe. Mine d'argent griſe ſolide, dans du ſpath : de Ste Marie aux mines; & *fahlertz* tenant argent, avec ſpath compacte blanc : de Saxe.

Or.

N° 571. Un joli morceau d'or natif en lames & en pointes dans du quartz : de Hongrie.

Subſtances inflammables.

N°. 572. Un gros & très-beau morceau de Charbon de terre couleur de queue de paon : de S. Hubert, pays de Saarbruck.

573. Un autre un peu moins grand.

574. Deux morceaux; l'un de Bitume ou pétrole noir dans du fpath calcaire; d'Angleterre: l'autre de Soufre natif: de Suiffe. 12. 1

575. Deux autres, l'un de Soufre jaune natif, en partie criftallifé; du Véfuve: l'autre de Pétrole dans du fpath fur une pierre calcaire: d'Angleterre. . . . 23. 15

575 *. Un beau morceau de Soufre natif jaune, dans fa matrice: de Suiffe. 40-1

Mélanges de Mines, Pyrites, Criftallifations &c.

N°. 576. UN affortiment de plus de 60 petits morceaux de mines choifis, & diverfifiés, tels que Métaux, Demi-Métaux, Pyrites, Soufre, &c. avec le nom de chaque fubftance. Cet article eft intéreffant. . . . . 25°

577. Un autre, *Idem*. 75

578. *Idem*. 84-1

579. *Idem*. 48

580. Deux jolis morceaux, l'un d'argent vierge & vitreux, l'autre de *Kupfernikkel*. 34

581. Trois autres, fçavoir: Pyrites cuivreufes colorées fur *Cauk* & fpath; Azur de cuivre criftallifé fur une veine de malachite, & Pétrole noir mammelonné avec blende fur du quartz. 25-1

582. Quatre autres, fçavoir: Pyrites colorées fur fpath calcaire; Bleu & Verd de montagne, fur fpath vitreux; Argent vierge capillaire dans du quartz, & mine de Cuivre tigrée gorge de pigeon. . . . 37-1

583. Quatre autres, fçavoir: mine d'Argent vi-

treufe; mine de Cuivre criftallifée & couleur de queue de paon; Verd de montagne & *Kupfernikkel.*

584. Quatre morceaux : fçavoir, Spath vitreux cubique avec pyrites, tant au-dedans qu'au dehors; mine de Cuivre tigrée couleur de queue de paon; Galene luifante avec une couche de *Cauk*, & mine de Cobalt folide avec fes fleurs vertes.

585. Quatre autres, fçavoir : mine de Cobalt hépatique avec fleurs de différentes couleurs; mine de Cuivre grife avec bleu & verd de montagne; Pyrites cuivreufes colorées, & une géode tapiffée de criftaux de fpath calcaire en pointes.

586. Quatre autres, fçavoir : mine de Cuivre tigrée gorge de pigeon; mine de Cobalt folide avec fleurs étoilées fuperficielles; Spath vitreux cubique jaune couvert d'un enduit pyriteux, avec une veine de Zinc chargée de fauffes améthyftes cubiques; & un grouppe de criftaux de fpath pyramidal chargé de pyrites colorées.

587. Quatre autres, fçavoir : mine de Cobalt folide tenant cuivre & argent; mine de Cuivre couleur de queue de paon fur du *Cauk*; Bleu de montagne & Ochre ferrugineufe dans du fpath compacte, & Pyrites éparfes fur fpath calcaire avec pétrole.

588. Quatre morceaux, fçavoir : mine de Cobalt folide avec cobalt noir, fleurs rouges, bleu & verd de montagne; mine de Cuivre tigrée jaune, azurée, gorge de pigeon & couleur de queue de paon; Galene luifante & ftriée avec fpath vitreux & pyrites azurées fur du fpath.

589. Quatre autres, fçavoir : Galene ftriée avec mine de Cuivre jaune : mine de Cobalt folide avec fleurs bleues, rouges & vertes : mine de Cuivre colorée dans du fpath ; & un joli grouppe de pyrites criftallifées & colorées, raffemblées en mammelons. . . 24. 1

590. Quatre autres ; fçavoir, Blende criftallifée fur du fpath vitreux cubique ; mine de Fer tenant cuivre avec verd de montagne ; Bleu & Verd de montagne dans du fpath compacte ; & Pyrites colorées fur du fpath calcaire. _ _ _ . 1f

591. Quatre autres, fçavoir : mine de Bifmuth dans du jafpe rouge ; mine d'Argent rouge avec pyrites dans du quartz ; Pyrites jaunes fort éclatantes fur un petit grouppe de criftaux de fpath ; & Verd de montagne velouté, entremêlé d'azur criftallifé dans du fpath. . _ _ . 18

592. Quatre petits morceaux, fçavoir : un grouppe de fauffes Topafes cubiques ; un de fauffes Améthyftes en grains ; Blende criftallifée fur fpath vitreux cubique ; & un grouppe de Pyrites cuivreufes colorées. . . 17

593. Quatre autres, fçavoir : mine de Plomb teffulaire fur un grouppe de criftaux de roche ; mine de Cuivre folide couleur de queue de paon ; Pyrites criftallifées en crête de coq avec blende fur fpath vitreux cubique ; & une ftalactite fpatheufe à criftaux informes grouppés en maffe cylindrique. . . 1f. 1

594. Quatre morceaux ; fçavoir : Bleu de montagne avec entroques & mine de fer ; mine de Plomb verte criftallifée avec fpath calcaire en aiguilles : mine de

Cobalt solide avec ses fleurs rouges & bleues; & un grouppe de Pyrites colorées.

595. Quatre autres, sçavoir: mine d'Argent grise dans du quartz; mine de Cuivre tigrée jaune & couleur de queue de paon; mine de Cuivre grise avec azur en grains mêlé de verd de montagne : & un grouppe de Pyrites colorées.

596. Quatre autres, sçavoir : mine de Cuivre noire solide, avec du verd de montagne; mine de Cuivre colorée sur une pierre calcaire; Azur granuleux sur mine de fer; & un grouppe de gros cristaux de Spath prismatique avec du verd de montagne.

597. Quatre autres, sçavoir : Galene & mine de Plomb tenant argent, sur un spath lamelleux; Blende noire cristallisée grouppée en mammelons sur spath cubique; mine de Cuivre solide avec azur granuleux; & un grouppe de cristaux de Spath semés de pyrites.

598. Quatre autres, sçavoir : Galene avec mine d'argent grise; mine de Cobalt solide avec fleurs rouges, bleu & verd de montagne; mine de Cuivre couleur de queue de paon; & un grouppe de Spath calcaire en pointes, avec spath compacte tricotté.

599. Un Grouppe de cristaux de vitriol martial, factices.

600. *Idem.*

601. Deux gros morceaux, l'un de Charbon de terre couleur de queue de paon, de S. Hubert, pays de Saarbruck; l'autre est mine de Fer en écailles brunes superficielles sur un grouppe de spath vitreux, cristallisé en lames: de Clausthal; pays de Brunswick-Lunebourg.

602. Quatre morceaux., fçavoir : Bleu de montagne dans les interftices d'un fpath compacte auquel il communique fa couleur, avec ochre ferrugineufe ; Pyrites fulfureufes avec fauffes améthyftes cubiques ; Pyrites cuivreufes colorées fur fpath calcaire, & une aiguille de Spath rhomboïdal, chargée d'une criftallifation lamelleufe.

603. Quatre autres, fçavoir : Marcaffités & Pyrite fulfureufe, avec blende criftallifée & *Cauk :* mine de Cuivre grife folide, avec bleu & verd de montagne ; un grouppe de criftaux de Quartz couleur d'améthyfte, & un gros criftal à deux pointes de Spath verdâtre, avec pyrites dans fon intérieur.

604. Six morceaux, fçavoir : mine d'Argent grife ; mine de Cuivre colorée ; Blende criftallifée : mine de Cobalt noire avec fleurs rouges ; Marcaffites cubiques fur du fpath ; & un grouppe de criftaux de Quartz femés de pétrole fuperficiel, avec une veine de mine de fer.

605. Trois autres, fçavoir : un grouppe de fauffes Améthyftes à grands cubes ; mine de Cuivre colorée, mêlée avec mine de fer ; & un morceau contenant deux variétés de Spath criftallifé.

606. Trois autres, fçavoir : Pyrites cuivreufes, avec mine de fer & verd de montagne, fur du fpath criftallifé ; Blende criftallifée avec fpath calcaire & vitreux cubique ; & mine de Cuivre jaune & gorge de pigeon.

607. Six morceaux, fçavoir : mine de Cuivre jaune avec blende & mine d'argent grife dans du quartz ; Blende criftallifée avec fpath vitreux cubique ;

mine de Cobalt folide, avec fleurs rouges; mine de fer grife & granuleufe, luifante; Marcaffites fulfureufes en crête de coq; & un grouppe de criftaux de Quartz, avec fauffes améthyftes cubiques, & Mica.

608. Un grouppe de criftaux de Quartz, femés de pyrites cuivreufes : de Cautenback, Comté de Sponheim.

609. *Idem.*

610. Cinq morceaux, fçavoir : un grouppe de Spath vitreux dont les cubes font couverts de pyrites arfenicales, avec Blende & Galene; mine de Cuivre rouge, mêlée avec mine de fer & verd de montagne; Bleu & Verd de montagne dans du fpath; mine de Cobalt folide avec fleurs bleues & rouges ftriées; & un morceau de Spath calcaire criftallifée.

611. Six autres, fçavoir : mine de Cobalt fablonneufe; Pyrite cellulaire avec une veine de mine d'argent rouge foncé; Pyrite fulfureufe avec mine de fer; Pyrite cuivreufe colorée & mammelonnée fur du fpath; un morceau de *Cauk* avec fpath calcaire; & une lave du Véfuve.

612. Quatre autres, fçavoir : Spath rhomboïdal avec pyrites, verd de montagne & mine de fer; Spath vitreux cubique avec pyrites arfenicales & blende; *Cauk* & Spath féparés par une veine de galene; & un morceau de bleu & de verd de montagne.

613. Six morceaux, fçavoir : mine de Cuivre colorée; mine de Cuivre jaune avec verd de montagne; mine de Zinc mêlée avec blende & fpath lamelleux; Bleu de montagne avec fpath vitreux couleur

d'améthyſte & zinc; mine de Fer dans un grouppe de criſtaux de ſpath; & pyrites colorées ſur du ſpath.

614. Six autres, ſçavoir: mine d'Argent noire dans une pierre ollaire; Galene dans une gangue de *Cauk*; Pyrite ſulfureuſe compacte; Quartz criſtalliſé couleur d'améthyſte, chargé d'hématite; Spath rhomboïdal & criſtalliſé, avec pyrites colorées; & un régule d'antimoine. 19

615. Huit autres, ſçavoir: mine de Cuivre jaune; pyrite ſulfureuſe; Pyrites cuivreuſes colorées; mine de Cuivre griſe; Bleu & Verd de montagne; mine de Fer ſpatheuſe noire; mine d'Argent noire dans une pierre ollaire; & Quartz criſtalliſé avec une veine de blende. 24

616. Un gros morceau d'Hématite en aiguilles longues, granuleuſes, parallélement ſerrées les unes contre les autres. 17

617. Quatre morceaux, ſçavoir: mine de Cuivre griſe ſolide avec bleu & verd de montagne; mine de Cobalt ſolide & limonneuſe; Spath calcaire, rhomboïdal & granuleux, cellulaire; & Pyrites colorées ſur une pierre calcaire. 8. 3

618. Cinq autres, ſçavoir: un grouppe de criſtaux de quartz; un autre de criſtaux de Spath calcaire & vitreux; Galene dans du *Cauk*; Verd de montagne granuleux; & pyrites colorées ſur du ſpath. . . . 9. 12

619. Cinq autres, ſçavoir: mine de Fer tenant cuivre; mine de Cobalt ſolide avec fleurs rouges & bleues; Pyrite arſenicale; Galene granuleuſe; & Blende avec ſpath calcaire & vitreux. . . . 11. 1

620. Six autres, ſçavoir: mine d'Argent griſe avec galene & mine d'Argent en plumes; Galene luiſante

dans du spath ; mine de Cuivre colorée ; Spath calcaire & vitreux tricotté ; Pyrites colorées dans du
spath, & mine de Cobalt sablonneuse avec fleurs rouges
& noires. 21. 1

621. Six autres, sçavoir : mine d'Arsenic grise qui
a souffert le feu ; mine de Fer réfractaire, de l'espèce
décrite article 354 ; mine d'Argent grise avec galene ;
Pyrites sulfureuses ; Pyrites cuivreuses ; mine de Cuivre grise tenant Cobalt ; & un morceau de Cuivre
rosette. . . . 21. 3

622. Six autres, sçavoir : cristaux de Vitriol natif
sur une pierre grise : Blende cristallisée avec pyrites
sur du spath cubique : Zinc avec fausses améthystes ;
mine de Cuivre solide, tenant cobalt avec fleurs
noires, vertes, & bleu de montagne ; Spath calcaire
& vitreux tricotté ; & mine d'Argent grise entre deux
lisieres de quartz. . . . 10. 4

623. Quatre morceaux, sçavoir : Pyrites arsenicales, avec blende sur spath vitreux ; mine de Cuivre
azurée : mine de Cobalt solide avec fleurs rouges ; &
mine d'Argent grise & rouge foncée. . . . 13. 10

624. Quatre autres, sçavoir : un joli grouppe de
Cristaux de roche à deux pointes ; mine de Zinc avec
blende & *Cauk* ; Galene avec stalagmite spatheuse
couleur d'eau ; & mine de Cuivre solide mammelonnée avec pyrites & pétrole dans du spath. . . . 10. 5

625. Six autres, sçavoir : Galene entre deux lisieres
de *Cauk* ; mine de Zinc avec spath ; mine de Cuivre
azurée ; Marcassites lamelleuses ; Spath vitreux cristal-7.

lifé en lames, femé de pyrites; & Spath vitreux cubique couleur d'améthyfte.

626. Six autres, fçavoir : mine de Cuivre folide verdâtre & mammelonnée; veine de *Cauk* entre deux couches de galene; Marcaffites & Pyrites fur fpath calcaire; mine d'Argent grife avec galene & petits criftaux de roche; mine de Cobalt grife folide avec fleurs blanchâtres, & mine de Cuivre hépatique avec du verd de montagne. 4

627. Six autres, fçavoir : Galene avec mine de Fer dans du *Cauk*; mine de Fer avec quartz criftallifé ; mine de Cobalt folide avec fleurs rouges & bleues; grouppe de Marcaffites décaëdres; Blende couleur de poix dans du fpath; & mine de Cobalt noire mêlée avec azur de cuivre. 10

628. Six autres, fçavoir : Pyrites colorées fur du fpath ; mine de Cobalt folide avec fleurs rouges, bleues & vertes; Pétrole dans une pierre calcaire ; Charbon de terre chargé de pyrites; mine de Cuivre hépatique avec du verd de montagne; & Spath calcaire criftallifé. . . . 12

629. Six morceaux, fçavoir : Verd de montagne, de Langenau ; mine de Mercure en cinabre ; mine de Cuivre jaune & colorée; mine de Cuivre jaune avec azur; Pyrites cuivreufes avec quartz & fpath; & un grouppe de Criftaux de roche. . . . . . 11.

630. Quatre autres, fçavoir : mine de Fer fpathique brune, avec mine de Cuivre jaune; Galene colorée ; mine de Mercure en cinabre; & mine de Fer

écailleuse brune, avec pyrites mammelonnées sur
spath cristallisé en lames.

631. Cinq petits morceaux, sçavoir : Cuivre
vierge sans matrice; mine de Cuivre queue de paon
& gorge de pigeon; mine de Fer spathique blanche;
Galene avec pyrites dans du spath; & Pyrites cristallisées d'un jaune vif.

632. Six morceaux, sçavoir : mine de Fer grise
solide avec pyrites; Blende granuleuse avec spath
calcaire & vitreux cristallisés; mine de Cobalt solide
avec fleurs rougeâtres; un grouppe de cristaux de spath
pyramidal; Bleu de montagne avec de l'ochre; &
Pyrites cuivreuses colorées.

633. Neuf morceaux, sçavoir : mine d'Argent
grise; mine de Cuivre grise; mine de Cuivre mammelonnée avec marcassites cubiques; mine d'Argent
noire entre deux lisieres de pierre ollaire; mine de
Cuivre tenant fer avec du verd de montagne; Hématite
avec quartz; mine de Cobalt solide & sablonneuse;
Pyrites & Blende sur du spath vitreux; & mine de
Cobalt grise & noire semblable à des scories.

634. Neuf autres, sçavoir : mine d'Argent noirâtre; mine de Zinc avec blende; Galene avec mine
de plomb blanche & mine de fer; mine de Cuivre
colorée; mine de Fer grise compacte; Pyrite sulfureuse; mine de Cobalt noire avec mine de Cuivre;
Cauk & stalagmite de Spath; & un morceau de spath
vitreux irrégulier couleur d'aigue marine.

635. Cinq morceaux, sçavoir : Pyrites jaunes cristallisées; mine de Cobalt noire; Galene & mine de

Plomb teſſulaire en petits cubes; mine de Cuivre jaune avec mine de fer ; & un grouppe de criſtaux de Spath en pointes. 13

636. Neuf autres, ſçavoir : mine d'Argent noire avec pierre ollaire; mine de Cobalt griſe & noire avec fleurs rouges; mine de Cuivre azurée; Verd de montagne ; mine de Cuivre colorée : Pyrites avec ſpath calcaire criſtalliſé ; mine de Fer tenant cuivre; Spath cubique avec pyrites ; & fauſſes améthyſtes cubiques. . . . . . 18.

637. Six autres, ſçavoir : Pyrites colorées & mammelonnées; mine de Cuivre jaune & griſe, avec bleu de montagne : mine de Cobalt griſe avec fleurs rouges; mine de Zinc avec cuivre jaune ; mine d'Argent griſe avec blende noire; & Pétrole dans une pierre calcaire. 16.

638. Six autres, ſçavoir : mine d'Argent griſe : Pyrites cuivreuſes colorées; mine de Cobalt noirâtre avec fleurs vertes; Verd de montagne avec mine de fer ; criſtaux d'Alun raffiné; & un très-joli morceau de Spath tricotté. . . . 14.

639. Cinq morceaux, ſçavoir : mine d'Argent griſe & noirâtre avec galene; mine de Cobalt noire avec fleurs rouges; Galene dans du *Cauk*; mine de Fer avec un grouppe de petits criſtaux de roche; & Pyrite granuleuſe en végétation. . . . . 9.

640. Six autres, ſçavoir : mine d'Argent griſe avec galene; mine de Cobalt hépatique ; Bleu de montagne : Blende criſtalliſée : Pyrites colorées; & un morceau de Spath rhomboïdal. . . . . 11.

641. Huit autres, ſçavoir : mine de Cuivre noirâ-

tre avec verd de montagne ; un morceau de Galene ; mine d'Etain ; mine de Cobalt folide avec fleurs bleues & rouges ; mine de Fer avec malachite couverte d'ochre ; Pyrites criftallifées ; Bitume fuperficiel ; & Quartz grenu en ftalagmite.

642. Huit autres, fçavoir : mine de Cuivre tenant fer avec verd de montagne ; mine d'Argent rouge ; Pyrites fulfureufes ; mine de fer rougeâtre ; mine de Cobalt grife avec fleurs rougeâtres ; Pyrites criftallifées ; Spath vitreux, couleur d'aigue-marine ; & mine d'Etain.

643. Six autres ; fçavoir : Galene dans du fpath ; mine de Cobalt limonneufe avec fleurs rouges ; mine d'Argent noire avec pierre ollaire ; Pyrite martiale & cuivreufe dans du quartz ; fauffes Aigues-marines cubiques avec pyrites fulfureufes ; & quartz avec fpath vitreux cubique & compacte blanc.

644. Dix morceaux, fçavoir : Galene avec pierre calaminaire ; mine de Cuivre noire tenant fer avec verd de montagne ; mine d'Argent grife avec petits criftaux de roche : mine de Cobalt noire folide ; mine de Cobalt noire en forme de fcories ; mine de Fer rougeâtre ; Verd de montagne dans du *Cauk* ; Cuivre vierge dans une gangue qui a fouffert le feu ; Pyrites fulfureufes ; & un morceau de Spath calcaire en crête de coq.

645. Neuf autres, fçavoir : mine d'Argent grife avec blende noire ; mine de Cuivre tenant fer avec verd de montagne ; Blende avec galene ; mine de Cuivre colorée ; mine de Cobalt grife & criftallifée

avec fleurs rouges ; Galene avec mine d'argent grise ; mine de Cuivre jaune & hépatique ; mine de Cuivre grise avec bleu de montagne, mêlé de fleurs de Cobalt noires ; & Pyrites fulfureufes avec mine de fer.

646. Six morceaux, fçavoir : Blende couleur de poix, avec fpath vitreux cubique femé de pyrites ; mine de Cuivre tenant fer avec verd de montagne ; mine de Cuivre jaune avec blende & zinc ; mine de Fer folide rougeâtre ; mine de Cuivre couleur de queue de paon ; & Mica dans du fpath. - - - - - - - 6.

647. Six autres, fçavoir : mine d'Argent grife avec *Mifpikkel* ; mine de Cuivre grife tenant argent ; Ochre ferrugineufe rouge ; Pyrites cuivreufes criftallifées ; mine de Fer lamelleufe & réfractaire avec fpath vitreux cubique & quartz criftallifé, & un grouppe de petits criftaux de Spath en mammelons. - - - - - - 15.

648. Huit autres, fçavoir : mine d'Etain criftallifée ; Galene entre deux lifieres de *Cauk* ; mine de Cuivre tenant fer ; pyrites en crête de coq ; mine d'Argent rouge ; Pyrites cuivreufes colorées ; mine de Cobalt folide & fablonneufe ; & Blende avec pyrites. 17.

649. Sept autres, fçavoir : mine d'Argent grife & rouge foncée ; mine de Cuivre vitreufe ; mine de Cobalt folide, avec fleurs bleues & rouges ftriées ; Galene avec fpath ; Pyrites avec mine de fer ; marcaffites avec galene ; & mine de Fer folide, avec fpath. 2

650. Dix autres, fçavoir : mine de Cobalt grife avec fleurs rouges, granuleufes & ftriées ; Galene avec fpath & quartz criftallifé ; mine de Cuivre colorée ;

rée; Bleu de montagne avec Cobalt noir; mine de Fer dans du spath; Galene aussi dans du spath; mine de Cuivre satinée; mine d'Argent rougeâtre; Marcassites avec quartz; & mine de Fer avec verd de montagne.

Agathes, Jaspes, Cailloux, Marbres, &c.

N°. 651. UNE jolie plaque faite de plusieurs morceaux d'Agathe à filets, rapportés en mosaïque; elle est appliquée sur une autre plaque de bois pétrifié, à taches rouges, brunes & blanches.

652. Quatre autres d'Agathe rubannée, rapportées sur une ardoise.

653. Quatre plaques de Cornaline de Saxe, à filets; aussi sur ardoise.

654. Deux grandes & belles plaques d'Agathe à filets, coupées l'une sur l'autre, & non polies : d'Angleterre.

655. Deux autres, dont le centre est cristallisé.

656. Deux plaques d'Agathe; l'une rubannée, & polie, est traversée par une tache oblongue qui imite un sceptre; l'autre, non polie, imite un volcan qui jette des flammes.

657. Deux plaques épaisses, polies d'un côté; l'une d'Agathe à filets concentriques; l'autre d'Agathe jaspée : du Palatinat.

658. Deux autres, Idem.

659. Idem.

662. Deux jolies boules d'Agathe, polies d'un côté & veinées de rouge vif. . . . . 6.

663. Un morceau singulier d'une espèce d'Albâtre ou stalagmite de spath vitreux, (*a*) couleur d'améthyste, taillé & poli d'un côté; il est demi-transparent, & sa substance, quoique solide, paroît spongieuse, ou plutôt cellulaire comme un rayon de miel; on le trouve en Angleterre. . . . . 24.

664. Un autre peu différent. . . . . 35.

665. Un morceau de même nature, mais rubanné, & poli des deux côtés. . . . . 12.

666. Un autre, à veines d'améthyste plus foncées; & poli d'un seul côté; les cavités cellulaires dont on a parlé article 663, sont ici coupées suivant leur longueur. . . . . 24.

667. Une plaque *d'Albâtre vitreux*, de la nature des précédens, dont il diffère seulement par la couleur, qui est ici un mélange de jaunâtre & de couleur de . . 12.

____

(*a*) On peut regarder cette substance comme une nouvelle espèce d'Albâtre qui n'a point encore été décrite par aucun Naturaliste & que nous nommerons *Albâtre vitreux* : quoique tendre elle est susceptible du plus beau poli ; elle est fort pesante, ne fait point d'effervescence avec les acides, & a été formée par dépôt comme l'*Albâtre oriental.* On sait que celui-ci n'est qu'une stalactite de *Spath calcaire*, de même que l'*Alabastrite* est une espèce de *Spath gypseux* ; mais on ne connoissoit point encore de stalactite de *Spath vitreux* ; les différens morceaux que nous possédons de cette espèce, fournissent des preuves non équivoques de son existence.

chair, en taches opaques féparées par des veines tranfparentes ; ce morceau qu'on prendroit au premier coup
d'œil pour de l'Albâtre oriental , eft poli d'un côté.

668. Deux morceaux d'Albâtre vitreux rubanné ,
polis d'un côté, l'un couleur d'améthyfte & demi-
tranfparent ; l'autre opaque, couleur de chair & rougeâtre.

669. Deux autres peu différens, dont un poli fur
plufieurs faces.

670. Deux morceaux d'Albâtre vitreux couleur
d'améthyfte ; l'un rubanné & poli, l'autre brut ; ce
dernier offre à fa furface de fauffes améthyftes cubiques.

671. Un morceau brut du même fpath , fingulier
par fes mammelons chatoyans, & couleur de corne.

672. Trois petits morceaux intéreffans d'Albâtre
vitreux, polis d'un côté ; le premier couleur d'Améthyfte & jaunâtre, eft chargé de parties cubiques ; le
fecond de couleur brune, ne préfente dans fa partie
brute que des rugofités ondulées comme toutes les
fubftances formées par dépôts fucceffifs ; le troifieme
eft blanchâtre avec des mammelons tricottés.

673. Quatre jolies plaques de Marbre de Bareith ,
dont une à grandes taches de marcaffites ; une avec
pyrites ; une femé de mica, & une remplie de diverfes coquilles, parmi lefquelles on remarque une bé-
lemnite.

674. Douze plaques variées du même Marbre.

675. *Idem.*

676. *Idem.*

677. *Idem.* 12

678. Deux morceaux; l'un d'Agathe panachée, poli d'un côté, l'autre de caillou d'Egypte. . . . . . 14.

679. Quatre morceaux d'Agathe, deux defquels font polis d'un côté. 3. 19

680. Trois morceaux d'Agathe & un de Jafpe, polis d'un côté. . . . . 3.

681. Deux plaques d'Agathes, une de Jafpe, & un morceau de Poudingue, polis d'un côté. 3. 1

682. Deux gros morceaux bruts de Poudingue d'Angleterre. 5. 19

683. Quatre morceaux bruts, fçavoir : deux Agathes en maffe, dont une mammelonnée; une belle Calcédoine à filets; & un Caillou d'Egypte, qui contient dans fon centre une criftallifation de quartz. . . . 4. 19

684. Une efpèce de Sélénite très-rare, appellée *fleurs de gypfe;* elle eft compofée d'un amas de feuilles minces ou filamens, rangés en forme d'étoiles à plufieurs rayons, autour d'un centre commun; la pierre qui leur fert de matrice eft calcaire, du genre des *pierres cloifonnées* ou *Ludus Helmontii,* & partout incruftée d'une ftalagmite fpatheufe, couleur de cire. Les Naturaliftes Anglois ont nommé cette efpèce *Ludus Helmontii ftellatus ;* on la trouve dans le Comté de Kent. 15

685. Un morceau de la même efpèce, mais où la Sélénite eft plus complete, & en forme de boule comprimée, hériffée & lamelleufe, par l'extrémité des aiguilles qui viennent aboutir à la circonférence. . 18. 3

686. Un beau *Ludus Helmontii,* d'Angleterre, d'un

pied de diamètre, fur 5 pouces d'épaiffeur dans fon milieu; il eft du refte femblable à celui qui eft décrit article 849. pag. 303. du fecond Tome du Catalogue de M. Davila.

687. Un autre moins grand que le précédent.

688. Deux jolis morceaux, dont un grouppe de criftaux de Sélénite rhomboïdale, & un morceau de quartz gras couvert de larges feuilles de mica argentin.

689. Huit morceaux, fçavoir : deux Poudingues bruts ; deux morceaux d'Agathe ; un de Jafpe ; deux d'Albâtre vitreux, & une Pierre micacée.

690. Huit autres, fçavoir : une Agathe brute mammelonnée ; une à criftallifations intérieures ; une polie d'un côté ; un morceau de Jafpe verd ; deux d'Albâtre vitreux couleur de corne, dont un ondulé ; & deux morceaux de Quartz micacés.

691. Sept autres, fçavoir : Calcédoine brute mammelonnée ; Caillou panaché ; Agathe à filets ; plaque de Poudingue polie d'un côté ; deux morceaux bruts d'Albâtre vitreux, dont un curieux par fa furface chatoyante ; & une Pierre micacée.

692. Six morceaux, fçavoir : deux d'Albâtre vitreux mammelonné, dont un rare & très-fingulier, en ce que toute fa furface eft criblée de trous finueux, qui le font paroître comme vermoulu ; un morceau de *Feld-Spath*, ou Spath dur donnant des étincelles ; un de *Cauk* jaunâtre, efpèce de tripoli ; une Agathe à filets, & une Pierre micacée.

693. Cinq autres, fçavoir : une *Pierre Néphrétique* ou efpèce de *Feld-Spath* verd foncé, fon tiffu eft

G iij

fibreux & strié comme l'Asbeste en épis; Albâtre vitreux brut à couches concentriques de diverses couleurs, dont la supérieure est comme vermoulue; une Pierre micacée de Saxe : un Granit d'Angleterre, & une Cornaline rubannée d'Allemagne, polie d'un côté.

694. Six autres, sçavoir : deux différentes Pierres remplies de mica; un morceau de Granit brut; une Agathe à filets; un morceau de Jaspe verd foncé, & un morceau de Spath dont une partie donne des étincelles, & l'autre non.

695. Six plaques polies d'un côté, sçavoir : deux d'Albâtre vitreux demi-transparent, & quatre de Serpentine : de Saxe.

696. Une grande & belle Dendrite à ramifications noires & brunes, sur les deux faces d'une pierre scissile : de Pappenheim.

697. *Idem.*

698. Quinze Pierres figurées de différentes natures, dont plusieurs stalactites; quelques Silex singuliers; trois Pierres avec figures d'animaux factices, &c.

699. Vingt-quatre tablettes de Terres endurcies ou pierres tendres de couleurs variées, & de différens endroits de Saxe. Les noms sont sur chacune.

700. Dix huit autres plus grandes.

701. Une suite de cent différentes Terres sigillées, de Saxe, numérotées 1 à 100.

Pétrifications & Incrustations.

Nº. 702. Un grand & beau bloc d'Entroques à co-
lonne radiée, entremêlées de veines de fausses améthystes cubiques, ce qui le rend rare : il est d'Angleterre.

703. Un autre plus petit, où les Entroques sont
détruites en partie, dans une matrice de Silex.

704. Un grand & curieux grouppe de Vermiculaires pétrifiés, analogues à l'espèce connue sous le nom
de *Tuyau d'orgue.* Il est très-rare, & vient aussi d'Angleterre.

705. Deux morceaux, dont un *Lis de pierre* de
nature spatheuse, à dix branches très-distinctes quoique fermées ; & plusieurs Entroques radiées, dans
une matrice de quartz.

706. Un gros bloc d'Entroques radiées de différens
diamètres, parmi lesquelles on remarque quelques
écussons de l'Oursin mammillaire.

707. Un autre où les Entroques sont en partie détruites & mêlées avec divers fragmens de coquilles.

708. Deux morceaux de la variété des deux précédens.

709. *Idem.*

710. Une grande & belle Nautilite du genre des Nau-
tiles épais, rare en ce qu'elle conserve presque toute
sa nacre ; elle montre quelques-unes de ses cloisons ;

G iv.

& le syphon qui les traverse ; s'il existoit encore des incrédules en matiere de pétrification, ce morceau seroit bien propre à les convaincre.

711. Une autre Nautilite, non moins curieuse que la précédente, en ce que sa coquille, qui est à peine dénaturée, est comprimée, comme écrasée & se levant par écailles, sur un noyau de marne endurcie, à demi pétrifiée.

712. Une petite Nautilite conservant une partie de son test, & dont la pétrification est plus avancée que la précédente ; elle se sépare en deux suivant la direction de ses cloisons, & est comprimée dans l'extrémité de sa volute : elle vient du Comté de Kent.

713. Une autre de Richmond, en Angleterre, pétrifiée comme la précédente, mais de plus pyriteuse, avec sa nacre de diverses couleurs ; l'intérieur du plus grand nombre de ses concamérations est à découvert, & le syphon qui les traverse bien conservé.

714. Une Echinite spatheuse, du genre des *Boucliers*, à sommet élevé, de l'espèce & de la grandeur de celle de l'article 226, des pétrifications du Catalogue de M. Davila.

715. Trois Astacolythes peu communes, ou Pétrifications d'une espèce de crustacée assez analogue au *Pou de mer* ou au *monocle*, & intéressantes par leur variété ; dans l'une l'animal est entiérement recoquillé ou roulé sur lui-même ; dans l'autre il ne l'est qu'à demi, & dans la troisiéme il est développé & étendu sur une matrice de pierre calcaire : dans cet état, il a quelque ressemblance avec le *Lilium lapideum*.

716. Une Pierre calcaire parſemée des deux côtés d'aſtacolythes, qui ont quelque reſſemblance avec l'eſpèce précédente, mais plus applaties, plus larges, & à cannelures moins prononcées ; cette eſpèce n'a point encore paru en France.

717. Deux morceaux peu communs, dont une *Gammarolite*, ou Crabe pétrifié d'Angleterre ; & une pierre chargée d'empreintes en creux & en relief, de l'eſpèce de *pou de mer* dont on a parlé à l'article précédent.

718. Trois autres morceaux, dont un Cancre pétrifié d'Angleterre ; une Pierre chargée de quelques cruſtacées en relief aſſez ſemblables au *monocle*, & une comme celle de l'article 716, mais polie d'un côté.

719. Deux cruſtacées pétrifiées, qui ſont un Crabe d'Angleterre, & un Cancre des Indes Orientales, dont les pattes ſont diſtinctes & bien conſervées.

720 Trois autres, ſçavoir : un Crabe, un Cancre, & un *pediculus marinus* ou pou de mer.

721 Un Carpolite très-rare, qui paroît être un épi de *Bled de Turquie*, enveloppé d'une pierre argilleuſe. Ce morceau qui ſe ſépare en deux, offre dans chacune de ſes parties la moitié de cet épi coupé ſuivant ſa longueur, dans l'une deſquelles on voit ſenſiblement les alvéoles qu'occupoient les grains, remplies d'une matiere blanche. On trouve dans le Catalogue de M. Davila, (article 377 des Pétrifications,) la deſcription d'un fruit pétrifié peu différent de celui-ci.

722. Trois morceaux pétrifiés, fçavoir : une portion de tige d'une efpèce de plante inconnue, ftriée fuivant fa longueur & articulée, qui paroît être du genre des rofeaux ; une portion *d'Orthocératite* ; & une pierre argilleufe en deux parties, portant l'empreinte d'une *Filicule*, en relief d'une part, & en creux de l'autre. . . . . . . 16.

723. Deux autres, fçavoir : un os pétrifié d'oifeau, dans une pierre calcaire ; de Stonsfield : & trois groffes vertèbres l'une fur l'autre, mais dérangées de leur fituation naturelle & comme difloquées. . . 32.

724. Un amas de piquans & d'écuffons de l'Ourfin mammillaire dans une matrice de craie : de Blackheat. 24.

725. Une empreinte de Poiffon avec fa contrepartie, dans une ardoife cuivreufe : d'Eifleben. . . . 30.

726. Un amas curieux d'Hyftérolites de différentes formes & groffeurs, dans une pierre argilleufe : d'Ober-Lahnftein. Ce morceau fe fépare en deux parties. . . 6.

727. *Idem.* . . . . . .

728. Un autre fans contre-partie. . . . . 5.

729. Deux Hyftérolites l'une détachée ; l'autre fur fa matrice, qui porte auffi des empreintes de coquilles du même genre. . . . . .

730. Deux autres détachées, & une grouppée avec des coquilles. . . . .

731. Un gros Limas pétrifié & criftallifé du genre des *Burgaux*, & un grouppe de grandes Oftréopectinites éparfes avec des Volutites ou cornets ftriés d'une efpèce inconnue. . . . . .

732. Une très-grosse Vertèbre pétrifiée, & deux moitiés de tiges d'une espèce de Fongite articulée & cloisonnée : d'Angleterre.

733. Deux morceaux de Bois pétrifié, dont un à cristallisations intérieures, granuleuses & luisantes.

734. Trois autres, dont un avec cristallisations.

735. Un morceau de Bois pétrifié, poli d'un côté suivant sa longueur.

736. Deux autres, *Idem* : de Neker.

737. Douze morceaux, sçavoir : quatre morceaux de Bois, dont un cristallisé, un vermoulu, & deux polis d'un côté ; deux grandes valves d'Ostracite ; une Solénite ; une Échinite, & quatre grouppes de différentes coquilles pétrifiées.

738. Une très-grande Cardite, avec une cristallisation spatheuse superficielle ; & une Echinite du genre des *Boucliers.*

739. Six petits morceaux, sçavoir un Os pétrifié, noir & strié à sa superficie, rempli d'une substance calcaire grise, de Bath en Angleterre ; deux Nautilites dont une avec son test, à concamérations cristallisées : deux Ostréopectinites aussi cristallisées intérieurement, & une Vertèbre fossile.

740. Quatorze tant Coquilles pétrifiées que noyaux, sçavoir : quatre Cornes d'Ammon ; un Limas ; quatre Pectinites, & cinq Cœurs, dont un ouvert sur sa matrice. Plus une valve de *Vieille ridée* sur sa matrice.

741. Vingt autres Coquilles fossiles & pétrifiées, telles qu'Oursins de différentes espèces, Cames, Cœurs, Sabots, Buccins, &c.

742. Quarante petits morceaux pétrifiés, tels qu'Anomies variées; Glossopetres, Pierres Judaïques ou Pointes d'oursins, &c.   - - - 2.

743. Six pétrifications, sçavoir : deux différens grouppes de Tubiporites, trois Astroïtes dont un cristallisé, & un amas d'Entroques.   - - - 2.

744. Six autres morceaux, sçavoir : trois différens Astroïtes, dont un à étoiles saillantes; une Tubiporite; une Fongite en entonnoir, & un grouppe d'Entroques. 3.

745. Dix autres, dont un joli grouppe de Tuyaux vermiculaires sur une matrice de quartz, & diverses Fongites, Astroïtes, Tubiporites, &c.   - - - 5.

746. Un Nid incrusté dans les eaux d'une fontaine de Thuringe, nommée Sangerhausen.   - - - 12.

747. Un autre dont l'incrustation est plus épaisse, avec un petit caillou qui imite un œuf.   - - - 10.

748. Une grosse Ecrevisse incrustée dans la Fontaine de Carlsbad.   - - - 9.

749. Une autre plus petite, & une branche de Glouteron, incrustées dans la même Fontaine.   - - - 10.

750. Un tiroir rempli de différentes Pétrifications. 6.

Polypiers.

N°. 751. Un grand & singulier grouppe de tiges d'une espèce de Corail rouge, poreux dans toute sa substance, à surface finement vermiculée, à base caverneuse, terminée par un large empatement; quoique les tronçons de ses tiges, qui ont six pouces & plus de hauteur, sur un à deux pouces de diamètre, ne soient point articulés ; ils paroissent néanmoins de la même nature qu'une branche de Corail rouge articulé, qui est adhérente à sa base. Il vient des Indes Orientales.

752. Un Madrépore *Abrotanoïde*, à branches tubulées d'un gris blanc, étendues en éventail, & chargées d'un Millepore à feuilles digitées, de Madrépores agarics, Corallines articulées, Tuyaux vermiculaires, &c. Il porte quinze pouces de hauteur sur dix-huit de largeur.

753. Un grouppe où l'espèce de Madrépore décrite à l'article précédent, se trouve accolée avec l'espèce de Millepore à feuilles digitées du même article ; leur base est un Astroïte branchu brun, détruit en partie, chargé de Madrépores agarics & de diverses Corallines.

754. Deux différens Madrépores grouppés ensemble ; l'un digité à tubules évasées ; l'autre à rameaux applatis, épais, mousses & noueux, couverts de mammelons, percés de petits trous.

755. Un joli Millepore en buisson, à feuilles larges, profondément découpées, & dentelées, chargé de quelques Huîtres dont une porte un Astroïte branchu. Ce grouppe à dix pouces de hauteur sur un pied de largeur, & vient de Curaçao.

756. Un autre de même espèce, à dentelures moins profondes. Il est un peu plus grand que le précédent.

757. Un autre encore plus grand & à feuilles plus épaisses, il est chargé d'Huîtres & de Corallines.

758. Un autre, à feuilles digitées. . . . . 24..

759. Un autre, à dentelures des feuilles peu fail=
lantes. . . . . 12. 1.

760. Un Millepore branchu, à feuilles étroites,
très-divifées, formant un buiffon de forme agréable. 8

761. Un Millepore en buiffon, & une Efcare
pierreufe à feuilles minces finement pointillées. . . 2. 1.

762. Un faux Corail blanc, à branches courtes
entrelacées ; & un Millepore branchu. 5. 5

763. *Idem.* . . . . 4.

764. Un très-rare *Cerveau de Neptune* ou Méandrite en maffe hémifphérique protubérancée, dont les
ondulations extrêmement fines, d'un blanc de neige
& parfaitement confervées, offrent une infinité de
cellules profondes, dans l'intérieur defquelles la vue
plonge, ce qui produit les couleurs changeantes de la
gorge de pigeon. Ce morceau porte quinze pouces
de diamètre fur huit de hauteur, & eft de toute
beauté. 400

765. Une autre très-belle Méandrite, à ondulations
plus larges, & plus prononcées; fa forme eft auffi
hémifphérique, avec un grand ombilic à la partie
fupérieure. Ce morceau eft étonné & fendu en plufieurs endroits, il eft à peu près du volume du précédent. 200

766. Un bel arbriffeau de Corail blanc articulé,
de quinze pouces de hauteur fur onze de largeur,
dans fon plus grand évafement. Il eft bien confervé. 60. 1

767. Un autre auffi beau, mais moins grand. . . 48

768. Un autre où les articulations noires font très-minces.

769. Un autre de l'espèce du précédent, dont les branches s'étendent horifontalement.

770. Un Kératophyte des Indes, à branches peu nombreuses, & de l'espèce nommée *Corail noir*; il est d'une grosseur peu ordinaire. Sa principale tige à plus de deux pouces de diamètre vers sa base, & il porte près de deux pieds & demi de hauteur.

771. Deux Kératophytes, dont un arbrisseau de *Corail noir* à branches fines & nombreuses, & le *Romarin de mer*.

773. Un Litophyte très-rare par sa couleur, qui est orangée, ses branches sont pointillées & rassemblées en faisceau.

774. Trois morceaux, sçavoir : un très-joli buisson de faux Corail blanc, à branches fines entrelacées les unes dans les autres; un Kératophyte noir, & une Mousse marine.

Coquilles Univalves.

Nº. 775. Un grand & beau *Lépas*, des Indes, nommée *Œil de rubis radié.*

776. Un autre un peu moins grand.

777. Sept Coquilles, dont un *Lépas Cabochon,* un autre *en bateau,* deux *Molette d'éperons* & autres Limas.

778. Une *Oreille de mer*, des Indes, dépouillée jusqu'à la nacre, & une grande *Gondole* dont on a enlevé une portion du deſſous, pour en mettre l'intérieur à découvert.

779. Un *Nautile chambré.*

780. Un grand & beau grouppe de tubulaires d'un rouge vif, nommés *Tuyaux d'orgue.*

781. Un autre moins grand.

782. Deux Burgaux en pendant, dépouillés jusqu'à la nacre ſur laquelle on a laiſſé des parties de la robe taillées en bouquets détachés & de relief.

783. Quatre coquilles, dont le *Cordon bleu*, la *Grive* & la *Molette d'éperon.*

784. Un Limas d'un beau volume, nommé *Teſticules.*

785. Un petit Limaçon terreſtre, des Indes, à tête applatie, rubanné de blanc & de maron, ombiliqué, & rare en ce que ſa bouche eſt tournée de gauche à droite.

786. Un autre Limaçon des Indes, auſſi *bouche à gauche*; il differe du précédenr par ſa forme plus bombée, & par ſa couleur qui eſt entierement fauve.

787. *Idem.*

788. Deux Limas, à bouche ronde, peu communs, & un beau *Maron* à une ſeule zone blanche.

789. *Idem*, à cela près que le *Maron* a trois zones blanches.

790. Trois Coquilles, dont une grande *Molette d'éperon*, un *Lépas cabochon* & un *Sabot.*

791.

791. Deux Sabots rares, des Indes, à robe noire & bouche nacrée ; un *Eperon* dépouillé & une *Grive*.

792. *Idem*, à l'exception de l'Eperon qui est remplacé par un autre Limas.

793. Douze Limaçons de mer où terrestres, dont deux jolies Nérites, un petit Sabot dépouillé & nacré &c.

794. Douze jolies Coquilles, dont le *Cadran*, le *Bouton de Camisole*, & quelques Nérites peu communes.

795. Douze autres, dont quatre Nérites, un *Cul-de-Lampe*, une *Sorciere*, & un Limaçon terrestre à bouche ronde.

796. Douze autres Limas, Nérites & *Culs de-Lampes*.

797. Un *Cul-de-Lampe* terrestre peu commun, un rubanné, & dix autres Coquilles.

798. Douze Nérites & Limas, dont deux *Bouches doubles*, une *Quenotte seignante*, &c.

799. Douze autres variées, dont deux belles Nérites.

800. Neuf Nérites, deux desquelles sont peu communes, & trois autres Coquilles.

801. Douze Coquilles, *Nérites & Limas.* auec 928.

802. Douze autres, dont un *Lépas Cabochon* & deux *Boutons de camisole*.

803. Douze autres.

804. Quatorze, *idem*.

805. Vingt petites Coquilles de choix, dont quelques Nérites peu communes.

806. Seize autres, parmi lesquelles il s'en trouve de rares & connues depuis peu.

807. Un Buccin nommé *Perdrix rouge.*

808. Une *Conque de Triton* grande & vive en couleurs.

809. Une Mitre & une *Alêne* ou Vis à caractères : toutes deux d'un beau volume.

810. Deux *Olives de Panama* & un Buccin des Indes nommé l'*Argus fascié.* Cette dernière coquille est rare, mais sa conservation n'est pas aussi parfaite qu'on pourroit le desirer.

811. Un Buccin rare, de forme effilée à cannelures transverfales ; & revêtu encore de fon épiderme blanc veiné de fauve. Il vient d'une Isle nouvellement découverte par les Anglois.

812. Un autre encore plus rare, de couleur fauve, dont les orbes font bordés de tubercules. Il vient du même endroit que le précédent.

813. *Idem*, à tubercules plus marqués & de couleur plus claire.

814. Un petit Buccin de la rareté des précédens & des mêmes mers, à orbes renflés, chargé de ftries fines tranfverfales ; fa partie inférieure eft dépouillée de fon épiderme.

815. Deux belles *Cordelieres* en pendant.

816. Deux grands Buccins blancs peu communs.

817. Un Buccin de l'efpèce des précédens, & un dont la bouche eft à gauche, dit *Unique* & grand dans fon efpèce.

818. Trois Buccins, dont une *Unique.*

819. L'*Unique* en pendant avec la *Contr'unique.* . . 6 1

820. Un Buccin rare ; il est blanc à orbes renflés & très - finement striés ; sa clavicule se termine en mammelon. 6 14

821. Un très-beau *Fuseau à dents,* de sept pouces de longueur sur deux de diamètre dans sa partie la plus renflée. . . 15.19

822. Un autre qui peut faire le pendant du précédent. 60 1

823. Deux *Fuseaux à dents,* chacun de six pouces & demi de longueur, en pendant. . . 96 1

824. Deux *Fuseaux* non dentés portant cinq pouces de longueur. . . 24. 3

825. Deux autres plus petits de la même variété. 18

826. Quatre petits Buccins peu communs, dont deux *Fuseaux.* 11

827. Deux *Musiques* couleur de rose, vives en couleurs. . . . 5 2

828. Une *Musique,* une *Piqûre de mouche* & deux Aîlées brunes à bouche noire, d'une espèce rare. . . 21

829. Cinq Coquilles, dont deux petites Aîlées blanches à zones noires, & bouche orangée, une *Musique,* une petite *Chicorée* & un Buccin. . . 10 12

830. Quatre Buccins, dont deux peu communs à tubercules, un fascié de taches rouges, & une *Contre-unique.* . . 5 2

831. Deux petits Buccins très-rares, bruns à levre sinueuse & à veines longitudinales blanches, qui marquent les accroissemens successifs de la coquille. . 40

832. Deux autres, dont un petit *Ruban,* bouche à

H ij

gauche, ce qui le rend rare, & un de l'espèce des deux précédens.

833. *Idem*, avec cette différence que le *Ruban* est d'une autre couleur.

834. Deux Coquilles rares, l'une bouche à gauche, l'autre bouche à droite.

835. Trois jolis Rubans.

836. *Idem.* avec le N.° 944.

837. Deux vis-Buccins dont l'*Unique* & la *Contre-unique*.

838. Deux *Casques pavés* & deux Buccins, dont un rare, à levre dentelée & bordée de tubercules.

839. Une *Grimace*, une Pourpre nommée *Rotie*, & un Buccin des Indes à tubercules, qui porte le nom de *Raccrocheuse*.

840. Un Buccin des Indes à longues pointes, nommé en Hollande le *Crapaud*, & un *Lard* ou *Coutil* dépourvu de clous; ces deux coquilles sont peu communes.

841. Trois coquilles, dont un *Casque - Turban* à levres minces, & un *Bouton de la Chine* dépouillé & d'une belle nacre.

842. Un *Casque-plume* ou *Bonnet de Pologne*, une *Harpe*, un *Plein-chant* & un *Bouton de Chine* dépouillé.

843. Douze petites Coquilles, dont quatre *aîlées*, deux *Mitres*, deux Buccins réticulés & quatre autres Buccins peu communs.

844. Deux variétés d'aîlées brunes qui sont une espèce rare de *Gueule noire*.

845. Une grande *Aîlée* de la Jamaïque à gros tu-

bercules & à levre épaisse fort saillante ; elle est peu commune. 21 4

846. *Idem.* 6. 1

847. Deux *Aîlées* de l'espèce précédente, moins âgées & à levre mince, moins saillante ; l'une est entièrement fauve, l'autre rayée de fauve & de blanc. . . . 8. 1

848. Une *Harpe* & deux *Aîlées* de la variété précédente, à levre mince, peu saillante dans l'une. . . . 7 4

849. Une *Pourpre aîlée triangulaire* rare, & une autre aîlée nommée l'*Artimon entortillé*. . . . . . . 6.

850. Cinq Coquilles, dont deux *Gueules noires* de l'espece rare ; deux autres Aîlées du premier âge de celles des articles 845 & 847, & une *Harpe* à côtes minces. 12

851. Un joli *Scorpion*, nommé en Hollande *Crabe goutteux*. . . . . 2.

852. Une petite *Chicorée* & deux *Roties*. 16. 19

853. Cinq Coquilles, sçavoir : trois jolies Pourpres feuillées, une petite *Massue d'Hercule*, & un Buccin des Indes ombiliqué, peu commun. 9

854. Une *Chicorée*, l'*Artimon entortillé*, l'*Aléne* & l'*Unique*, Buccin. 30

855. Huit Coquilles, qui sont : une *Tête de bécasse*, deux *Gueules de loup*, deux petits Buccins peu communs, & trois autres Buccins. 13. 6

856. Deux petites Coquilles rares, de l'Isle de France, nommées *Pistaches*. 18. 9

857. *Idem.* 18. 3

858. Une grande gondole, nommée *Tasse de Neptune*. 8. 3

859. Une *Cuillier de Neptune* de dix pouces de longueur. 6

860. Une petite *Couronne d'Ethiopie* & une *Harpe* couleur de rose. . . . 25 4

861. Deux jolies tonnes, le *Prépuce* & la *Taffe de Neptune.* 12 19

862. Deux petites Tonnes & deux Buccins, dont un réticulé. 6 5

863. Un très-joli *Radix*, rare par la saillie singulière de sa levre extérieure. . . . 32 1

864. Une Harpe couleur de rose, vive en couleurs, & deux petites aîlées fasciées de noir. 8

865. Deux *Harpes*, un *Plein-chant*, l'*Eperon* & un Limas ombiliqué. 9

866. Deux *Télescopes* en pendant. . . . 19

867. *Idem.* 9 10

868. Deux *Alénes* ou vis à caractères, en pendant. 6

869. *Idem.* 6 1

870. Une *Aiguille faite en vis de tambour*, de cinq pouces huit lignes de longueur, & une grosse *Aléne.* 12 19

871. *Idem.* 6

872. L'*Aléne* & l'*Unique* Buccin ; toutes les deux grandes dans leur espèce. 11 19

873. Trois Vis, dont une espèce de *Vis tigrée* rare; de quatre pouces neuf lignes de long, & deux couleur de chair, flambées de traits blancs, peu communes. 21

874. Quatre autres, dont l'Aiguille faite en vis de tambour. 6 1

875 Une Vis de l'espèce des dernieres de l'article 873, & un joli *Fuseau.* 13 16

876. Une grande *Tine de beurre.*

877. Une autre encore plus grande, polie & privée de ſes taches.

878. Deux grands *Tigres*, en pendant.

879. Un *Damier* & une *Tine de Beurre.*

880. Les mêmes Coquilles un peu moins grandes.

881. Deux autres Cornets, dont la *Couronne Impériale.*

882. Un *Damier* à bandes, la *Mitre* & le *Téleſcope.*

883. Neuf Volutes, dont deux *Minimes*, deux variétés de *papiers marbrés*, un Cornet du genre des *Amiraux*, une *fauſſe Aîle de papillon* & deux *Olives de Panama.*

884. Huit petits Cornets, dont quelques-uns fort jolis & peu communs.

885. Douze autres, dont deux *Spectres.*

886. Deux différentes *Nattes d'Italie*, & ſept autres Cornets.

887. Huit autres Cornets & Rouleaux, dont le *Drap orangé* & deux petites aîlées.

888. Deux *Tulipes* & un *Papier marbré.*

889. Deux beaux *Drap d'or faſciés*, une *Couronne Impériale* & un *Damier.*

890. Deux *Brunettes*, en pendant.

891. Une Piquûre de mouche & deux *Tines de beurre.*

892. Deux Rouleaux peu communs, de forme effilée, nommés *Drap d'or piqueté de la Chine.*

H iv

893. Six Coquilles , sçavoir : deux *Olives de Panama*, un *Damier*, une *Musique* & deux Buccins peu communs.

894. Six petites Aîlées par pendans, deux Draps d'or rembrunis & deux autres Cornets.

895. Six Cornets & Rouleaux par pendans , & quatre Aîlées.

896. Neuf Aîlées , Cornets & Buccins , dont un rare.

897. Six Coquilles, dont deux *Mûres* & deux *Papiers marbrés*.

898. Six belles Olives de choix.

899. Neuf autres fort jolies , & deux petites Porcelaines.

900. Quatorze petites coquilles dont six Olives.

901. Seize autres coquilles variées.

902. Deux grandes Porcelaines , dont le *Faux Argus* , & une à levre extérieure tranchante , peu commune.

903. Deux autres moins grandes, dont la *Taupe*.

904. Deux *Taupes* & deux *Harpes* , par pendans.

905. Cinq coquilles , dont deux variétés de *Faux Argus* & un petit Buccin de forme effilée, peu commun.

Coquilles Bivalves.

N°. 906. Un joli grouppe d'Huîtres épineuſes des Indes & d'une petite Crête de coq, ſur une pietre recouverte en partie d'un aſtroïte.

907. Deux Huîtres épineuſes des Indes, grouppées avec des petites huitres feuillées ſur une branche de madrépore.

908. Une belle Huître des Indes, à *feuilles de perſil* blanches, ſur un fond veiné de rouge & de blanc.

909. Une jolie *Crête de coq.*

910. *Idem.*

911. Une très-belle *Sole* des Indes de quatre pouces trois lignes de diamétre.

912. Une autre de trois pouces.

913 Un Peigne nommé *la Bourſe* ou *Manteau ducal blanc.*

914. Le *Manteau ducal* & la *Bourſe.*

915. Un joli *Manteau ducal* & un autre Pétoncle.

916. Trois Pétoncles, dont un *Manteau ducal.*

917. Cinq Pétoncles, dont quatre des mers d'Ecoſſe, à oreilles inégales, & un des Indes, ſans oreilles.

918. Cinq autres de couleurs variées.

919. Six pétoncles dont un ſans oreilles.

920. Une belle *Ecriture Chinoiſe.*

921. Une Came nommée la *Guillochée* & une efpèce de *Gourgandine* peu commune. . . . . . 18.

922. Deux Cœurs rares , dont une efpèce d'*Ecriture
Chinoife* & un *Point d'Hongrie.* 21

923. Deux jolies Coquilles , dont un Cœur femblable au premier de l'article précédent, & une Came
du Bréfil , qui imite auffi le Point d'Hongrie. . . . 13

924. Deux autres, comme les dernières des deux articles précédens. 10-1

925. La *Fraife* & une *Ecriture Chinoife* de l'efpèce
rare. 10

926. Trois Cames , dont la *Chagrinée* & deux différentes *Radiées.* 10

927. Quatre différentes Cames, la plûpart peu communes. 8-1

928. Six Coquilles , fçavoir : deux *Vieilles-ridées*
différentes, une Came à rézeau fin, une Telline radiée ,
un Cœur & une Came radiée. *a u 8 o1* 7

929. Une *Tuilée.* 15-1

930. Trois belles Tellines; dont le *Soleil-levant* ,
une *Radiée* & une rare, à zones circulaires. . . . 10-2

931. Une *Langue* & deux différentes Tellines. . . 8

932. Une *Crête de coq* chargée de quelques glands
de mer & deux Tellines. 19

933. Deux Tellines radiées & deux Cames. . . . 4-15

934. *Idem*, à cela près qu'une feule des Tellines
eft radiée. 11-12

935. *Idem.* 5-6

936. Seize petites Bivalves fort jolies, dont quelques-unes rares. . . . 5-1

260.17-19

937. Treize autres à peu près semblables. 3-1

938. Sept Bivalves, *Cames, Cœurs* & *Tellines :* plus un grouppe de *Glands-de-mer.* . . . . . . 14.

939. Une *Crête de Coq* à laquelle adhére un Gland-de-mer, un grouppe des mêmes Glands-de-mer : un *manche de Couteau,* deux Conques anatiferes, une grande Came & un Oursin plat : en tout sept pièces. 19.1

940. Un très-beau Gland-de-mer, garni de toutes ses piéces & de l'animal même desséché. 15-4

941. Un Grouppe de deux autres, conditionnés comme le précédent. 19-19

942. Un joli Grouppe de Glands-de-mer & une *Crête de Coq.* 14-1

943. Deux Grouppes de Glands-de-mer, adhérans, l'un à une petite *Crête de coq :* l'autre, à *l'Hirondelle ;* plus, une *Crête de coq* & un Oursin plat à cinq fentes. 23-19

944. Quatre Oursins, dont un *Turban* d'espèce rare, deux *Pas de poulain,* & un Oursin plat à six fentes. . . .

945. Un *Oursin solaire* ou Rotule à douze rayons. 10

946. Quatre Etoiles de mer, dont une à *queue de lézard,* & deux variétés de *scolopendroïdes ;* plus, un Oursin plat à cinq fentes. 13-4

947. Une grande & belle *Tête de Méduse,* sous une cloche de verre. 40

948. Une autre, moins bien conservée, aussi sous une cloche de verre. 25-10

949. Une petite *Tête de Méduse.* 15

950. Deux Bupreftes dorés, de la Chine. 11-1

951. *Idem.* . . . . 9. 1.

952. Un *Borametz* ou prétendu *Agneau de Scythie*, qui, comme l'on fçait, n'eſt qu'une racine de fougère, revêtue d'un duvet jaune rougeâtre ; laquelle imite plus ou moins un petit quadrupede. 5. 19

953. *Idem.* . . . . 3. 11.

954. Un Borametz & une Roſe de Jéricho. . . . 3. 1

Bijoux & Curioſités de l'Art.

Nᵒ. 955. Un Vaſe *d'Albâtre vitreux*, partie de l'eſpèce décrite ci-deſſus, article 667, partie blanc nué de jaunâtre. Il a dix pouces & demi de hauteur, & eſt porté ainſi que tous les ſuivans, ſur un petit ſocle de marbre noir. 40

956. Un autre, de neuf pouces de hauteur. Il eſt entiérement de l'eſpèce d'Albâtre vitreux, panaché de jaunâtre & de couleur de chair, en taches opaques, ſéparées par des veines tranſparentes, dont on a parlé, article 667. 40

957. Deux autres de la même eſpèce, en pendant : hauteur, ſix pouces. 80. 2

958. Un beau Vaſe d'Albâtre vitreux, marbré par grande taches de blanc & de jaunâtre de diverſes nuances. Il porte huit pouces $\frac{1}{2}$ de haut. 120

959. Un autre, entiérement blanc & demi-tranſparent, de cinq pouces de hauteur. 60

960. Deux Vaſes en pendant , d'Albâtre vitreux

blanc & couleur d'améthyste; on y remarque les espèces de cellules intérieures dont on a parlé, art. 663 :
hauteur, sept pouces.

961. Deux autres, d'une belle forme & parfaitement assortis, relativement à la disposition des taches
& des veines couleur d'améthyste, sur un fond
blanc. Ils offrent aussi la singularité des cellules intérieures; hauteur, sept pouces.

962. Deux autres, parfaitement beaux : la couleur
d'améthyste est plus foncée & domine d'avantage,
qu'aux précédens; les cellules en sont aussi plus larges, plus profondes & beaucoup plus nombreuses; hauteur cinq pouces, neuf lignes.

963. Deux jolis Vases avec leurs couvercles du même Albâtre vitreux, blanc & couleur d'améthyste
transparent dans les parties cellulaires, opaque dans
les autres. Ils sont évuidés en dedans, & non simple-
ment figurés en vases comme les précédens.

964. Deux Salieres d'Albâtre vitreux, blanc & couleur d'améthyste.

965. *Idem.*

966. Une Saliere, & un morceau du même albâtre vitreux, figuré en Vase.

967. Deux Obelisques d'Albâtre vitreux, blanc &
couleur d'améthyste, portés sur des socles de marbre
noir; hauteur, sans les socles, onze pouces neuf lignes.

968. Deux autres, *idem* ; hauteur d'onze pouces.

969. Une Tasse en gondole d'une très-belle Sar-
doine orientale; longueur quatre pouces, quatre lignes ; largeur deux pouces, dix lignes.

970. Une Soucoupe à bords contournés, d'un fort beau Jade antique, verd foncé ; diamètre six pouces & demi.

971. Une Tabatiere ovale, fond de cuvette, avec gorge & charniere d'or, faite d'un caillou jaune de Saxe ; ornée en deſſus d'une demoiſelle & de trois papillons d'agathe en piéces de rapport, qui imitent les couleurs variées de ces différens inſectes.

972. Une Tabatiere quarrée de caillou d'Egypte ; auſſi fond de cuvette, montée avec gorge & charniere d'or.

973. Une Tabatiere en cuvette, de porcelaine de Saxe ; à fleurs bleues ſur un fond blanc. Le dedans eſt doré & orné d'un petit tableau à perſonnages : elle eſt montée avec gorge & charniere d'or.

973 *. Quatre Bagues qui ſeront détaillées lors de la vente ; ſçavoir : une Turquoiſe : un Saphir d'orient entre deux brillans ; une Emeraude, entourée de Carats & une Marine en yvoire, d'un travail fini, avec les lettres initiales du nom de l'Artiſte, & un entourage de roſes.

974. Une Canne incruſtée d'écaille ; ouvrage de la Chine.

975. Un Oiſeau fait en coquilles rapportées avec beaucoup d'adreſſe & d'intelligence, toutes avec leurs couleurs naturelles. Il eſt poſé ſur un petit rocher, orné de pluſieurs jolies coquilles, de divers coraux, mouſſes marines, mines, pyrites & criſtaux : ſous une cloche de verre.

976. Un autre, qui peut faire le pendant du précédent.

977. Six jolis Bouquets, faits de coquilles, mêlangées & arrangées avec tant d'art, que sans le secours d'aucunes couleurs étrangeres, elles imitent parfaitement diverses fleurs, telles que roses, julienne, jasmin, aubépine, myrthe, oreille d'ours, fleur de la passion, &c. Ces Bouquets seront détaillés lors de la vente : ils ont été faits ainsi que les deux Oiseaux précédens, par *Elisabeth Forster*, de Londres, qui excelle dans ces sortes d'ouvrages.

978. Ue Tableau de Coralines & Mousses marires, sur une terrasse de petits coquillages &c. dans une bordure, sous verre.

979. *Idem.*

980. Un Jouet Chinois.

981. *Idem.*

982. Une petite Momie, de quatorze pouces de longueur, parfaitement conservée, avec ses bandelettes & sa caisse de bois de Sycomore, sur laquelle sont peintes deux figures d'*Anubis*.

983. Un Crâne de Momie rempli de l'espèce de Bitume, connue en pharmacie sous le nom de *Gummi funerum*.

984. Modéle en plâtre d'un Bouclier antique, orné de figures en bas-relief, qui représentent Rome délivrée de l'invasion des Gaulois par Camille : on joint à cet article la dissertation latine, faite à l'occasion de ce Bouclier, par Rob. Ainsworth.

985. *Idem.*

L'Impreſſion du Catalogue étant fort avancée, lorſque nous avons reçu les morceaux ſuivans, on n'a pu les mettre à la place qui leur convenoit.

Nº. 986. UN rare & beau morceau de mine de Plomb criſtalliſée, dont la couleur eſt abſolument ſemblable à celle de la mine d'argent cornée ; cette eſpèce qu'on peut nommer *Mine de Plomb cornée*, eſt en criſtaux rhomboïdes, ou rectangles, dont les bords ſont en biſeau ; ils ſont épars ſur de la Galene, avec de l'ochre : de Ste Marie aux Mines. 60

987. Un autre de la même eſpèce ; mais moins grand. 68-2

988. Un gros & très-beau morceau de mine de Plomb verte criſtalliſée ſur Hématite & mine de fer : de la Croix près Ste Marie aux Mines. 83

989. Un grouppe de grands criſtaux de Spath lenticulaire, mêlés avec ſpath perlé, ſur du quartz irrégulier : de Ste Marie. 40

990. Un autre joli grouppe de Quartz criſtalliſé, couleur d'eau, perſémé de ſpath perlé blanc, en grains. 60

APPROBATION DU CENSEUR ROYAL.

J'AI lu par ordre de Monſeigneur le Chancelier, un imprimé intitulé : *Catalogue raiſonné d'une Collection choiſie de Minéraux, Criſtalliſations, Madrépores, Coquilles*, &c. & je n'y ai rien trouvé qui puiſſe en empêcher l'impreſſion. A Paris, ce 8 Mars 1769.

VALMONT DE BOMARE.

Total 28335.18

COLLECTION CHOISIE

DE MINERAUX, CRISTALLISATIONS, &c.

Feuille de Diſtribution des objets qui ſeront vendus, les jours marqués ci-après.

Premiere Vacation, le Mardi 4 Avril 1769.

ARTICLES, 18, 39, 59, 74, 86, 102. Partie du Nº. 111, 121, 168, 190, 202, 221, 237, 250, 269, 287, 307, 330, 359, 373, 389, 429, 442, 458, 479, 492, 509, 535, 555, 567, 592, 608, 632, 649, 650, 670, 733, 750, 763, 778, 801, 825, 836, 865, 887, 912, 928, 944, 953, 983.

Deuxiéme Vacation, le Mercredi 5.

Art. 19, 38, 58, 64, 88, 104. Partie du Nº. 111, 126, 158, 172, 184, 214, 224, 258, 272, 289, 310, 328, 351, 369, 390, 418, 437, 451, 464, 484, 507, 536, 556, 573, 587, 611, 634, 648, 669, 690, 708, 730, 761, 782, 802, 810, 830, 848, 869, 888, 918, 937, 950, 979.

Troiſiéme Vacation, le Jeudi 6.

Art. 17, 37, 56, 87, 100. Partie du Nº 111, 120, 141, 149, 166, 192, 211, 218, 253, 276, 290, 308, 331, 350, 368, 388, 428, 434, 454, 477, 493, 508, 537, 543, 568,

(2)

589 , 609 , 628 , 668, 679, 691 , 720 , 736,
762 , 787 , 803 , 809 , 829 , 856 , 885 , 904,
910, 936, 952, 978, 985.

Quatriéme Vacation , le Vendredi 7.

Art. 16*, 36, 55, 89, 101. Partie du N°. 111,
128, 163, 182, 197, 207, 222 , 248, 268, 282,
291, 311, 340, 353, 370, 391, 420 436, 453,
476, 494, 511, 520 ,539, 554, 588, 613, 633,
667, 678, 689, 711 , 728, 769, 772, 793, 815,
835, 846, 867, 886 , 911, 927, 948, 974, 985.

Cinquiéme Vacation , le Samedi 8.

Art. 16 , 35 , 54 , 77 , 99 , 122 , 127 , 160,
181 , 199, 206 , 227 , 247 , 266 , 283 , 293 ,
313 , 334 , 348 , 371 , 399 , 411 , 430 , 448,
475 ,499 , 512 , 525 , 549, 595 , 600, 610, 636,
666 676 , 692 , 719 , 740, 768, 774 , 794 , 816 ,
837 , 851 , 868 , 893 , 913 , 933 , 951 , 980.

Sixiéme Vacation , le Lundi 10.

Art. 15 , 34 , 53 , 68 , 76 , 92 , 112 , 138 ,
161 , 179 , 187 , 217 , 246 , 262 , 285 , 294 ,
314 , 335 , 358 , 375 , 394 , 413 , 439, 452 ,
474 , 496 , 513 , 534 , 558 , 574 , 594 , 616 ,
637 , 665 , 675 , 687 , 718 , 737 , 754 , 771 ,
795 , 808 , 838 , 853 , 874, 894 , 910 , 939 ,
954 , 966 , 981.

Septiéme Vacation, le Mardi 11.

Art. 14, 33 , 57 , 62 , 91 , Partie du N°. 111,
123, 159 , 178 , 198 , 205 , 229 , 245 , 267 ,
284 , 295 , 315 , 336 , 364 , 383 , 402 , 415 ,

455, 467, 485, 501, 531, 544, 559, 591, 601, 617, 639, 664, 674, 693, 713, 741, 748, 767, 796, 818, 832, 855, 871, 889, 909, 929, 958, partie de 977, 984.

Huitiéme Vacation, Mercredi 12.

Art. 13, 32, 51, 78, 82. Partie du N°. 111, 131, 139, 148, 165, 189, 231, 244, 263, 277, 296, 316, 337, 352, 381, 393, 409, 432, 457, 473, 500, 530, 540, 553, 586, 602, 622, 638, 663, 677, 694, 702, 729, 742, 770, 773, 797, 821, 844, 864, 891, 900, 924, 959. Partie de 977, 989.

Neuviéme Vacation, le Jeudi 13.

Art. 1, 12, 31, 52, 85, 94, 103, 113, 133, 157, 169, 188, 228, 242, 255, 297, 317, 338, 349, 372, 398, 421, 426, 459, 472, 504, 529, 550, 560, 575, 590, 624, 641, 662, 681, 695, 715, 738, 766, 775, 798, 817, 826, 852, 876, 899, 914, 935, 957, 975, 990.

Dixiéme Vacation, le Vendredi 14.

Art. 11, 30, 50, 75, 93, 105, 107, 119, 156, 170, 201, 214*, 236, 252, 278, 292, 318, 339, 365, 376, 407, 417, 433, 461, 486, 497, 514, 538, 551, 596, 618, 640, 661, 680, 699, 714, 735, 743, 760, 792, 813, 839, 854, 877, 890, 919, 930, 960, Parties de 977, 984.

Onziéme Vacation, le Samedi 15.

Art. 10, 29, 49, 67, 84. Partie du N°. 111,
117, 137, 151, 171, 193, 230, 240, 254,
275, 298, 319, 341, 357, 374, 387, 425,
441, 460, 483, 491, 498, 515, 533, 561,
579, 597, 619, 630, 660, 686, 707, 726,
746, 759, 776, 799, 819, 833, 858, 880,
895, 916, 938, 973. Partie de 977.

Douziéme Vacation, le Lundi 17.

Art. 9, 28, 48, 71, 96, 109, 116, 143 153,
162, 191, 213, 232, 256, 279, 299, 312, 332,
362, 378, 396, 414, 443, 462, 482, 502,
518, 542, 564, 578, 582, 620, 642, 659,
685, 698, 716, 732, 758, 777, 805, 822,
840, 857, 878, 901, 921, 946, 956, 970,
987.

Treiziéme Vacation, le Mardi 18.

Art. 8, 27, 40, 69, 95, 115, 125, 147,
167, 185, 209, 216, 234, 259, 273, 300,
320, 342, 361, 379, 400, 431, 444, 470,
487, 516, 527, 546, 571, 577, 598, 615,
629, 658, 684, 696, 709, 731, 757, 779,
790, 824, 842, 862, 879, 896, 922, 940,
947. Partie de 977, 986.

Quatorziéme Vacation, le Mercredi 19.

Art. 7, 26, 45, 73, 90, 110, 134, 152,
174, 186, 204, 226, 238, 257, 274, 301;
322, 343, 356, 382, 401, 412, 440, 469;
489, 517, 528, 545, 565, 576, 599, 614;

(5)

643 , 657 , 683 , 697 , 717 , 734 , 745 ; 756 ;
789 , 814 , 823 , 859 , 881 , 898 , 917 , 932 ,
964 , 965 , 982.

Quinziéme Vacation , le Jeudi 20.

Art. 6, 25, 47, 70, 83. Partie du N°. 111 ;
118 , 140 , 145 ¼ 173 , 194 , 210 , 233 , 281 ,
302 , 309 , 324 , 344 , 360 , 384 , 406 , 416 ,
424 , 447 , 463 , 488 , 510 , 532 , 552 , 572,
593 , 612 , 644, 656 , 682 , 700 , 704 , 727 ,
755 , 780 , 791 , 812 , 841 , 860 , 882 , 897 ,
907 , 934 , 955. Partie de 977 , 988.

Seiziéme Vacation , le Vendredi 21.

Art. 5 , 24 , 43 , 63 , 81. Partie du N°. 111 ,
124 , 136 , 144 , 164 , 183 , 212 , 235 , 251 , 271 ,
305 , 321 , 325 , 363 , 385 , 405 , 422 , 435 , 456 ,
471 , 519 , 524 , 547 , 563 , 575 *, 580 , 603 ,
621 , 635 , 655 , 688 , 701 , 722 , 739 , 751 ,
788 , 804 , 820 , 843 , 866 , 883 , 902 , 915 ,
941 , 961 , 976.

Dix-feptiéme Vacation , le Samedi 22.

Art. 4 , 23 , 44 , 60 , 80. Partie du N°. 111 ;
130 , 142 , 154 , 177 , 200 , 219 , 243 , 261 ,
286 , 303 , 323 , 333 , 355 , 377 , 395 , 410 ,
423 , 438 , 450 , 481 , 506 , 526 , 566 , 585 ,
604 , 625 , 631 , 654 , 703 , 712 , 725 , 752 ,
781 , 786 , 806 , 828 , 845 , 863 , 875 , 903 ,
923 , 942 , 968 , 972.

Dix-huitiéme Vacation , le Lundi 24.

Art. 22 , 41 , 61 , 79. Partie du N°. 111 , 114 ;

129, 150, 180, 208, 220, 239, 270, 280, 288,
304, 326, 345, 354, 380, 397, 408, 445,
466, 480, 505, 523, 557, 570, 584, 605, 623,
645, 653, 672, 705, 721, 749, 765, 783,
811, 827, 847, 861, 873, 905, 925, 945,
967, 973 *.

Dix-neuviéme Vacation, le Mardi 25.

Art. 3 , 21 , 42 , 65 , 72 , 98 , 106. Partie du
N°. 111, 135, 155, 176, 195, 223, 249, 265,
306, 327, 346, 366, 392, 404, 427, 446,
468, 490, 495, 521, 548, 569, 583, 606,
627, 647, 652, 671, 706, 724, 744, 753,
784, 807, 834, 849, 870, 884, 908, 926,
943, 963, 971.

Vingtiéme Vacation, le Mercredi 26.

Art. 2 , 20, 46, 66, 97, 108, 132, 146, 175,
196, 203, 215, 225, 241, 260, 264, 329,
347, 367, 386, 403, 419, 449, 465, 478,
503, 522, 541, 562, 581, 607, 626, 646,
651, 673, 710, 723, 747, 764, 785, 800,
831, 850, 872, 892, 906, 931, 943, 962,
969.